"十二五"普通高等教育本科国家级规划教材

Introduction to Control Engineering
(Fourth Edition)
Solution to Problems Exercises

控制工程基础（第4版）习题解

董景新 郭美凤 陈志勇 刘云峰 编著
Dong Jingxin Guo Meifeng Chen Zhiyong Liu Yunfeng

清华大学出版社
北京

内 容 简 介

本书是在《控制工程基础(第 3 版)习题解》基础上编写而成的，主要是配合董景新、赵长德等编著的《控制工程基础(第 4 版)》教材(该教材被列为“十二五”普通高等教育本科国家级规划教材)，与该教材各章后的习题相对应。该习题解对教材各章后的习题均做了较为详细的解答。内容包括：概论、控制系统的动态数学模型、时域瞬态响应分析、控制系统的频率特性、控制系统的稳定性分析、控制系统的误差分析和计算、控制系统的综合与校正、根轨迹法、控制系统的非线性问题、计算机控制系统。

该书可供机械类、仪器类及其他非控制专业的师生参考，还可供相关科研和工程技术人员自学参考。

图书在版编目(CIP)数据

控制工程基础(第 4 版)习题解/董景新等编著. —北京 ：清华大学出版社，2017 (2025.1重印)
ISBN 978-7-302-46943-8

Ⅰ. ①控… Ⅱ. ①董… Ⅲ. ①自动控制理论－高等学校－解题 Ⅳ. ①TP13-44

中国版本图书馆 CIP 数据核字(2017)第 074559 号

责任编辑：许　龙
封面设计：常雪影
责任校对：王淑云
责任印制：杨　艳

出版发行：清华大学出版社
网　　址：https://www.tup.com.cn，https://www.wqxuetang.com
地　　址：北京清华大学学研大厦 A 座　　**邮　　编**：100084
社 总 机：010-83470000　　**邮　　购**：010-62786544
投稿与读者服务：010-62776969，c-service@tup.tsinghua.edu.cn
质 量 反 馈：010-62772015，zhiliang@tup.tsinghua.edu.cn
印 装 者：小森印刷霸州有限公司
经　　销：全国新华书店
开　　本：185mm×230mm　　**印　　张**：10.75　　**字　　数**：221 千字
版　　次：2017 年 5 月第 1 版　　**印　　次**：2025 年 1 月第11次印刷
定　　价：35.00 元

产品编号：072972-03

前言

该习题解是配合董景新、赵长德、郭美凤、陈志勇、刘云峰、李冬梅编著的“十二五”普通高等教育国家级规划教材《控制工程基础(第4版)》编写的。

本书配套教材的第1版于1992年3月出版,11年内11次印刷,印数达53 000册;该教材的第2版于2003年8月出版,6年内10次印刷,印数达60 000册;该教材的第3版于2009年6月出版,5年多13次印刷,印数达64 500册;该教材的第4版自2015年1月出版以来其需求继续保持强劲增长势头,两年时间就6次印刷,印数已达21 000册,除清华大学使用外,同时被多所兄弟院校选为教材及研究生入学考试参考书。此前与教材第3版配套的《控制工程基础(第3版)习题解》对于人数众多的教材使用者(尤其是自学人员)起到了很好的辅助教学作用,受到了广泛好评。于是,随着《控制工程基础(第4版)》教材的出版,我们在《控制工程基础(第3版)习题解》基础上配套编写了《控制工程基础(第4版)习题解》。

该习题解是《控制工程基础》精品教材立体配套的一部分,对于新教材各章后的习题全部提供解答过程,以便教师和学生自学参考。内容包括:概论、控制系统的动态数学模型、时域瞬态响应分析、控制系统的频率特性、控制系统的稳定性分析、控制系统的误差分析和计算、控制系统的综合与校正、根轨迹法、控制系统的非线性问题、计算机控制系统。

本书是在《控制工程基础(第3版)习题解》基础上修订和编写的,其中第10章由刘云峰改写,部分涉及采用MATLAB软件作图解题的内容由郭美凤完成,该课程的两套考试样题由陈志勇编写,其余部分由董景新编写,全书由董景新负责审定和统稿。

作　者

2016年12月

目录

1 概论

本章要求学生了解控制系统的基本概念、研究对象及任务，了解系统的信息传递、反馈和反馈控制的概念及控制系统的分类，开环控制与闭环控制的区别，闭环控制系统的基本原理和组成环节，学会将简单系统原理图抽象成职能方块图。

1-1 在给出的几种答案里，选择正确的答案。

(1) 以同等精度元件组成的开环系统和闭环系统，其精度________。

(A) 开环高　(B) 闭环高　(C) 相差不多　(D) 一样高

(2) 系统的输出信号对控制作用的影响________。

(A) 开环有　(B) 闭环有　(C) 都没有　(D) 都有

(3) 对于系统抗干扰能力________。

(A) 开环强　(B) 闭环强　(C) 都强　(D) 都不强

(4) 作为系统________。

(A) 开环不振荡　(B) 闭环不振荡

(C) 开环一定振荡　(D) 闭环一定振荡

解：(1) B　(2) B　(3) B　(4) A

1-2 试比较开环系统和闭环系统的优缺点。

解：其优缺点如表 1.1 所示。

表 1.1

系　统	优　点	缺　点
开环	简单 稳定性好	精度低 抗干扰能力差
闭环	精度高 抗干扰能力强	系统复杂 设计不当时易振荡

1-3 举出 5 个身边控制系统的例子，试用职能方块图说明其基本原理，并指出是开环控制还是闭环控制。

解:(1) 自行车自动打气机的职能方块图如图 1.1 所示,为闭环系统。

(2) 普通电烙铁的职能方块图如图 1.2 所示,为开环系统。

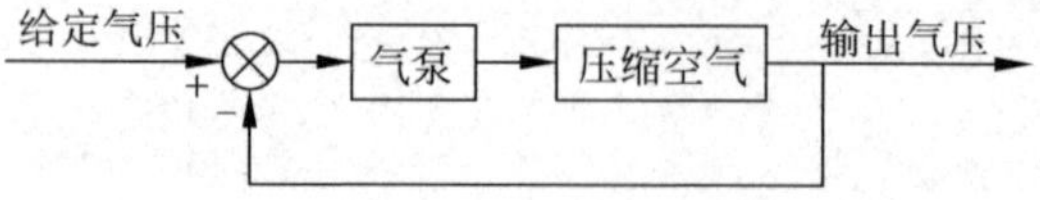

图 1.1

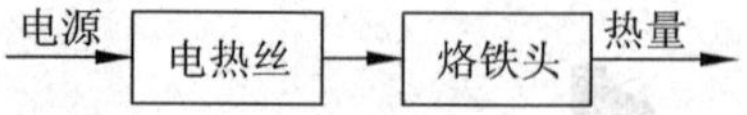

图 1.2

(3) 声控汽车玩具的职能方块图如图 1.3 所示,为开环系统。

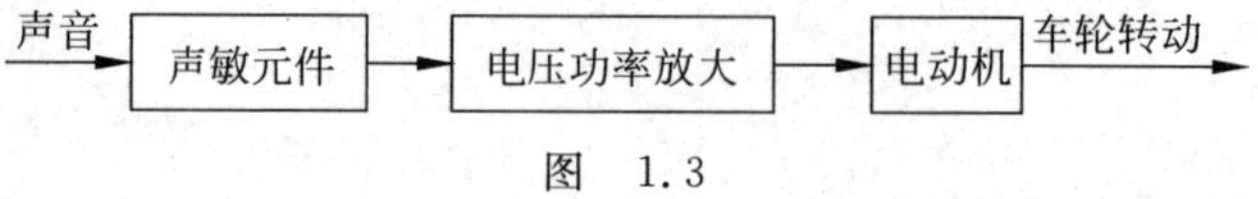

图 1.3

(4) 轮船自动舵的职能方块图如图 1.4 所示,为闭环系统。

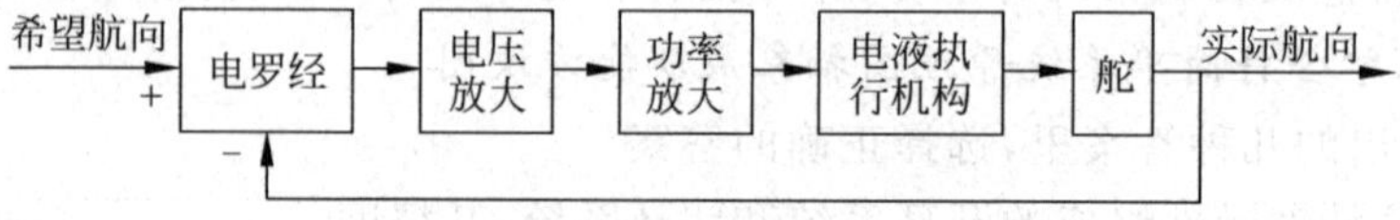

图 1.4

(5) 路灯自动开关的职能方块图如图 1.5 所示,为开环系统。

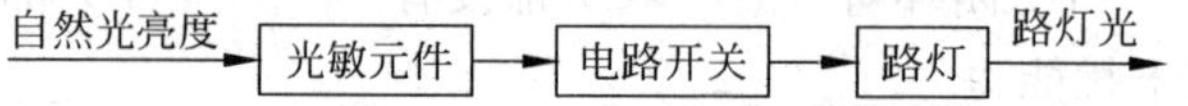

图 1.5

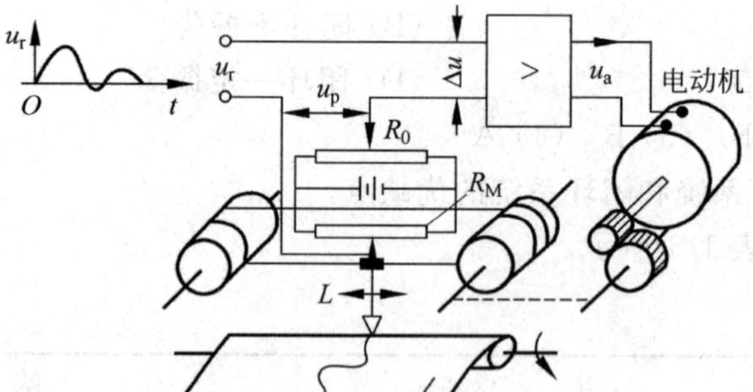

图 1.6

1-4 函数记录仪是一种自动记录电压信号的设备,其原理如图 1.6 所示。其中,记录笔与电位器 R_M 的电刷机构连接。因此,由电位器 R_0 和 R_M 组成桥式线路的输出电压 u_p 与记录笔位移是成正比的。当有输入信号 u_r 时，在放大器输入端得到偏差电压 $\Delta u = u_r - u_p$，经放大后驱动伺服电动机，并通过齿轮系及绳轮带动记录笔移动，同时使偏差电压减小，直至 $u_r = u_p$ 时，电动机停止转动。这时记录笔的位移 L 就代表了输入信号的大小。若输入信号随时间连续变化，则记录笔便跟随并描绘出信号随时间变化的曲线。试说明系统的输入量、输出量和被控对象，并画出该系统的职能方块图。

解：系统输入量：被记录的电压信号 u_r；

系统输出量：记录笔的位移 L；

被控对象：记录笔。

系统职能方块图如图 1.7 所示。

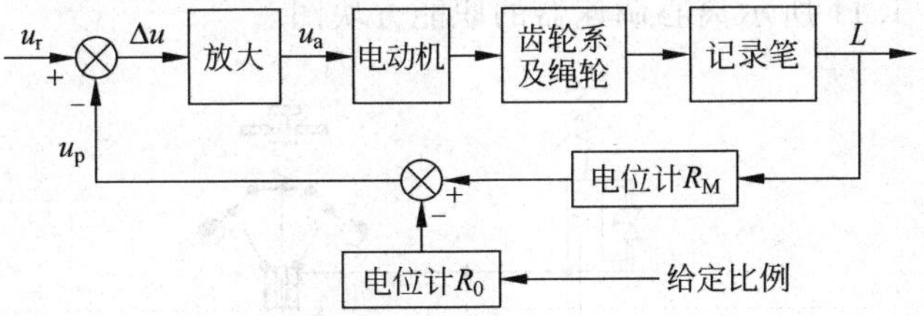

图 1.7

1-5 图 1.8(a)、(b)是两种类型的水位自动控制系统。试画出它们的职能方块图，说明自动控制水位的过程，并指出两者的区别。

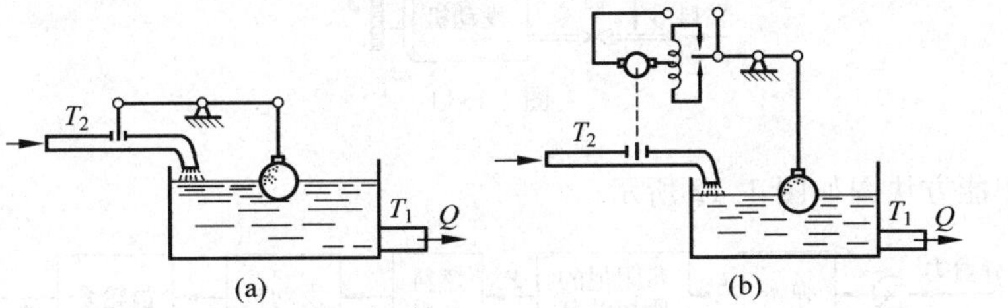

图 1.8

解：(1) 对于图 1.8(a)所示的系统，水箱的输出流量和输入流量之差决定了水箱的水位变化，水位的高低决定了浮球的位置，浮球的位置通过杠杆机构对应阀门的开启大小，阀门开启的大小决定了输入流量，使之补偿输出流量，最终水位保持一个定值。其职能方块图如图 1.9 所示。

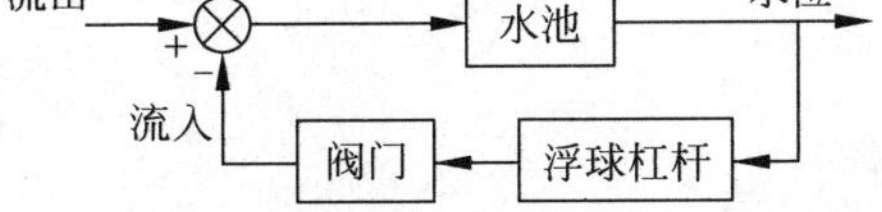

图 1.9

(2) 对于图 1.8(b)所示的系统,控制水位的过程与图 1.8(a)系统类似,只是浮球的位置通过杠杆机构操纵双向触点电开关,两个触点分别对应电机正、反转,电机的正、反转对应阀门的开大、关小。图 1.8(b)的系统由于使用了电机,系统的反应加快,其职能方块图如图 1.10 所示。

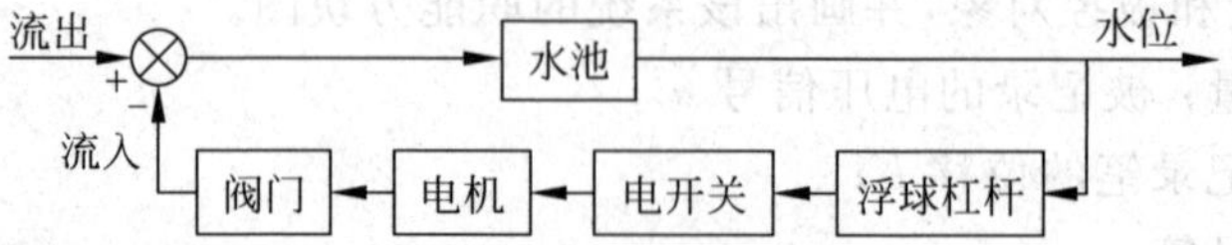

图 1.10

1-6 试画出图 1.11 所示离心调速器的职能方块图。

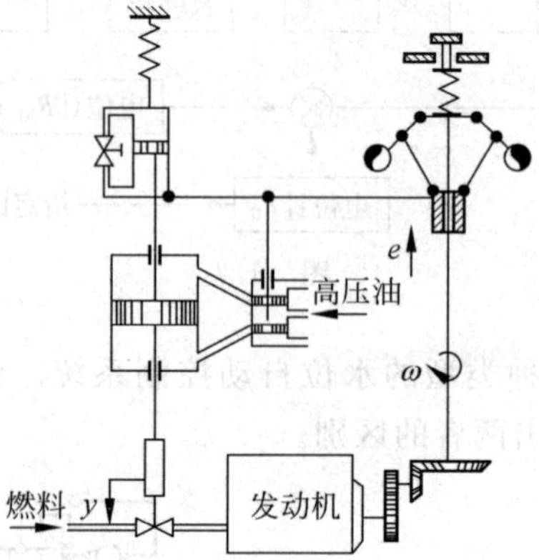

图 1.11

解:其职能方块图如图 1.12 所示。

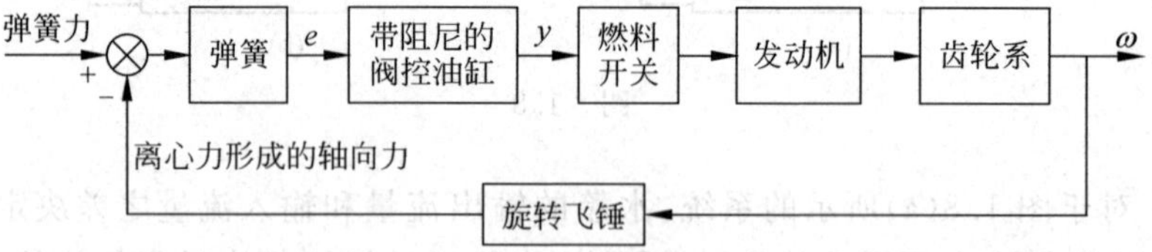

图 1.12

2 控制系统的动态数学模型

本章要求学生熟练掌握拉普拉斯(简称拉氏)变换方法,明确拉氏变换是分析研究线性动态系统的有力工具,通过拉氏变换将时域的微分方程变换为复数域的代数方程,掌握拉氏变换的定义,并用定义求常用函数的拉氏变换,会查拉氏变换表,掌握拉氏变换的重要性质及其应用,掌握用部分分式法求拉氏反变换的方法以及了解用拉氏变换求解线性微分方程的方法。为了分析、研究机电控制系统的动态特性,进而对它们进行控制,首先要建立系统的数学模型,明确数学模型的含义,对于线性定常系统,能够列写微分方程,会求传递函数,会画函数方块图,并掌握方块图的变换及化简方法。此外,还要了解信号流图及梅逊公式的应用,以及数学模型、传递函数、方块图和信号流程图之间的关系。

2-1 试求下列函数的拉氏变换:

(1) $f(t)=(4t+5)\delta(t)+(t+2)\cdot 1(t)$;

(2) $f(t)=\sin\left(5t+\dfrac{\pi}{3}\right)\cdot 1(t)$;

(3) $f(t)=\begin{cases}\sin t, & 0\leqslant t\leqslant\pi\\ 0, & t<0,t>\pi\end{cases}$;

(4) $f(t)=\left[4\cos\left(2t-\dfrac{\pi}{3}\right)\right]\cdot 1\left(t-\dfrac{\pi}{6}\right)+\mathrm{e}^{-5t}\cdot 1(t)$;

(5) $f(t)=(15t^2+4t+6)\delta(t)+1(t-2)$;

(6) $f(t)=6\sin\left(3t-\dfrac{\pi}{4}\right)\cdot 1\left(t-\dfrac{\pi}{4}\right)$;

(7) $f(t)=\mathrm{e}^{-6t}(\cos 8t+0.25\sin 8t)\cdot 1(t)$;

(8) $f(t)=\mathrm{e}^{-20t}(2+5t)\cdot 1(t)+(7t+2)\delta(t)+\left[3\sin\left(3t-\dfrac{\pi}{2}\right)\right]\cdot 1\left(t-\dfrac{\pi}{6}\right)$。

解:(1) $F(s)=L[(4t)\delta(t)]+L[5\delta(t)]+L[t\cdot 1(t)]+L[2\cdot 1(t)]$

$$=0+5+\frac{1}{s^2}+\frac{2}{s}=5+\frac{2}{s}+\frac{1}{s^2}$$

(2) $F(s)=\mathrm{L}\left\{\left[\sin 5t\cos\frac{\pi}{3}+\cos 5t\sin\frac{\pi}{3}\right]\cdot 1(t)\right\}$

$=\mathrm{L}\left[\frac{1}{2}\sin 5t\cdot 1(t)+\frac{\sqrt{3}}{2}\cos 5t\cdot 1(t)\right]$

$=\frac{\sqrt{3}s+5}{2(s^2+25)}$

(3) $F(s)=\mathrm{L}[\sin t\cdot 1(t)-\sin t\cdot 1(t-\pi)]$

$=\mathrm{L}[\sin t\cdot 1(t)-\sin(t-\pi+\pi)\cdot 1(t-\pi)]$

$=\mathrm{L}[\sin t\cdot 1(t)+\sin(t-\pi)\cdot 1(t-\pi)]=\frac{1+\mathrm{e}^{-\pi s}}{s^2+1}$

(4) $F(s)=\mathrm{L}\left\{\left[4\cos 2\left(t-\frac{\pi}{6}\right)\right]\cdot 1\left(t-\frac{\pi}{6}\right)+\mathrm{e}^{-5t}\cdot 1(t)\right\}$

$=\frac{4s\mathrm{e}^{-\frac{\pi}{6}s}}{s^2+2^2}+\frac{1}{s+5}=\frac{4s\mathrm{e}^{-\frac{\pi}{6}s}}{s^2+4}+\frac{1}{s+5}$

(5) $F(s)=0+0+6+\frac{\mathrm{e}^{-2s}}{s}=6+\frac{\mathrm{e}^{-2s}}{s}$

(6) $F(s)=\mathrm{L}\left[6\cos(3t-45°-90°)\cdot 1\left(t-\frac{\pi}{4}\right)\right]$

$=\mathrm{L}\left[6\cos 3\left(t-\frac{\pi}{4}\right)\cdot 1\left(t-\frac{\pi}{4}\right)\right]$

$=\frac{6s\mathrm{e}^{-\frac{\pi}{4}s}}{s^2+3^2}=\frac{6s\mathrm{e}^{-\frac{\pi}{4}s}}{s^2+9}$

(7) $F(s)=\mathrm{L}[\mathrm{e}^{-6t}\cos 8t\cdot 1(t)+0.25\mathrm{e}^{-6t}\sin 8t\cdot 1(t)]$

$=\frac{s+6}{(s+6)^2+8^2}+\frac{2}{(s+6)^2+8^2}=\frac{s+8}{s^2+12s+100}$

(8) $F(s)=\mathrm{L}\left\{\mathrm{e}^{-20t}(2+5t)\cdot 1(t)+(7t+2)\delta(t)+\left[3\sin 3\left(t-\frac{\pi}{6}\right)\right]\cdot 1\left(t-\frac{\pi}{6}\right)\right\}$

$=\frac{2}{s+20}+\frac{5}{(s+20)^2}+2+\frac{3\times 3\mathrm{e}^{-\frac{\pi}{6}s}}{s^2+3^2}$

$=2+\frac{2}{s+20}+\frac{5}{(s+20)^2}+\frac{9\mathrm{e}^{-\frac{\pi}{6}s}}{s^2+9}$

2-2 试求下列函数的拉氏反变换:

(1) $F(s)=\frac{s+1}{(s+2)(s+3)}$;

(2) $F(s)=\frac{1}{s^2+4}$;

(3) $F(s)=\frac{s}{s^2-2s+5}$;

(4) $F(s)=\dfrac{e^{-s}}{s-1}$；

(5) $F(s)=\dfrac{s}{(s+2)(s+1)^2}$；

(6) $F(s)=\dfrac{4}{s^2+s+4}$；

(7) $F(s)=\dfrac{s+1}{s^2+9}$。

解：(1) $f(t)=L^{-1}\left(\dfrac{-1}{s+2}+\dfrac{2}{s+3}\right)=(-e^{-2t}+2e^{-3t})\cdot 1(t)$

(2) $f(t)=L^{-1}\left(\dfrac{1}{2}\times\dfrac{2}{s^2+2^2}\right)=\dfrac{1}{2}\sin 2t\cdot 1(t)$

(3) $f(t)=L^{-1}\left[\dfrac{(s-1)+\frac{1}{2}\times 2}{(s-1)^2+2^2}\right]=e^t\left(\cos 2t+\dfrac{1}{2}\sin 2t\right)\cdot 1(t)$

(4) 用延时定理和衰减定理

$$f(t)=L^{-1}\left(\frac{e^{-s}}{s-1}\right)=e^{t-1}\cdot 1(t-1)$$

(5) $f(t)=L^{-1}\left[\dfrac{-1}{(s+1)^2}+\dfrac{2}{s+1}-\dfrac{2}{s+2}\right]=(-te^{-t}+2e^{-t}-2e^{-2t})\cdot 1(t)$

(6) $f(t)=L^{-1}\left[\dfrac{\frac{8\sqrt{15}}{15}\times\frac{\sqrt{15}}{2}}{\left(s+\frac{1}{2}\right)^2+\left(\frac{\sqrt{15}}{2}\right)^2}\right]=\dfrac{8\sqrt{15}}{15}e^{-\frac{t}{2}}\sin\dfrac{\sqrt{15}}{2}t\cdot 1(t)$

(7) $f(t)=L^{-1}\left(\dfrac{s+\frac{1}{3}\times 3}{s^2+3^2}\right)=\left(\cos 3t+\dfrac{1}{3}\sin 3t\right)\cdot 1(t)$

2-3 用拉氏变换法解下列微分方程：

(1) $\dfrac{d^2x(t)}{dt^2}+6\dfrac{dx(t)}{dt}+8x(t)=1$，其中 $x(0)=1$，$\left.\dfrac{dx(t)}{dt}\right|_{t=0}=0$；

(2) $\dfrac{dx(t)}{dt}+10x(t)=2$，其中 $x(0)=0$；

(3) $\dfrac{dx(t)}{dt}+100x(t)=300$，其中$\left.\dfrac{dx(t)}{dt}\right|_{t=0}=50$。

解：(1) 对原方程取拉氏变换，得

$$s^2X(s)-sx(0)-\dot{x}(0)+6[sX(s)-x(0)]+8X(s)=\frac{1}{s}$$

将初始条件代入，得

$$s^2X(s)-s+6sX(s)-6+8X(s)=\frac{1}{s}$$

$$(s^2+6s+8)X(s)=\frac{1}{s}+s+6$$

$$X(s)=\frac{s^2+6s+1}{s(s^2+6s+8)}=\frac{\frac{1}{8}}{s}+\frac{\frac{7}{4}}{s+2}-\frac{\frac{7}{8}}{s+4}$$

取拉氏反变换,得

$$x(t)=\frac{1}{8}+\frac{7}{4}\mathrm{e}^{-2t}-\frac{7}{8}\mathrm{e}^{-4t}$$

(2) 对原方程取拉氏变换,得

$$sX(s)-x(0)+10X(s)=\frac{2}{s}$$

将初始条件 $x(0)=0$ 代入,得

$$sX(s)+10X(s)=\frac{2}{s}$$

由此得

$$X(s)=\frac{2}{s(s+10)}=\frac{0.2}{s}-\frac{0.2}{s+10}$$

取拉氏反变换,得

$$x(t)=0.2(1-\mathrm{e}^{-10t})$$

(3) 当 $t=0$ 时,将初始条件 $\dot{x}(0)=50$ 代入方程,得

$$50+100x(0)=300$$

则

$$x(0)=2.5$$

对原方程取拉氏变换,得

$$sX(s)-x(0)+100X(s)=\frac{300}{s}$$

将 $x(0)=2.5$ 代入,得

$$sX(s)-2.5+100X(s)=\frac{300}{s}$$

由此得

$$X(s)=\frac{2.5s+300}{s(s+100)}=\frac{3}{s}-\frac{0.5}{s+100}$$

取拉氏反变换,得

$$x(t)=3-0.5\mathrm{e}^{-100t}$$

2-4 对于图 2.1 所示的曲线,求其拉氏变换。

解:该曲线表示的函数为

$$u(t)=6\cdot 1(t-0.0002)(\mathrm{V})$$

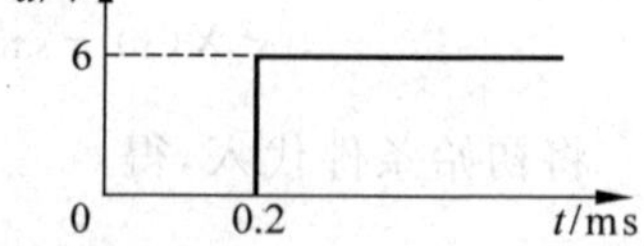

图 2.1

则其拉氏变换为

$$U(s)=\frac{6e^{-0.0002s}}{s}(\mathrm{V}\cdot\mathrm{s})$$

2-5 某系统微分方程为 $3\frac{\mathrm{d}y_0(t)}{\mathrm{d}t}+2y_0(t)=2\frac{\mathrm{d}x_i(t)}{\mathrm{d}t}+3x_i(t)$，已知 $y_0(0^-)=x_i(0^-)=0$，当输入为 $1(t)$ 时，输出的终值和初值各为多少？

解：$3\frac{\mathrm{d}y_0(t)}{\mathrm{d}t}+2y_0(t)=2\frac{\mathrm{d}x_i(t)}{\mathrm{d}t}+3x_i(t)$，$y_0(0^-)=x_i(0^-)=0$

将上式进行拉氏变换，得

$$3sY_0(s)+2Y_0(s)=2sX_i(s)+3X_i(s)$$

即得

$$(3s+2)Y_0(s)=(2s+3)X_i(s)$$

于是

$$\frac{Y_0(s)}{X_i(s)}=\frac{2s+3}{3s+2}$$

因为极点 $s_p=-\frac{2}{3}$，零点 $s_z=-\frac{3}{2}$，又当 $x_i(t)=1(t)$ 时，有

$$X_i(s)=\frac{1}{s}$$

$$Y_0(s)=\frac{Y_0(s)}{X_i(s)}X_i(s)=\frac{2s+3}{3s+2}\,\frac{1}{s}$$

所以

$$y_0(\infty)=\lim_{s\to 0}sY_0(s)=\lim_{s\to 0}s\,\frac{2s+3}{3s+2}\,\frac{1}{s}=\frac{3}{2}$$

$$y_0(0)=\lim_{s\to\infty}sY_0(s)=\lim_{s\to\infty}s\,\frac{2s+3}{3s+2}\,\frac{1}{s}=\frac{2}{3}$$

2-6 化简图 2.2(a)～(d)所示的各方块图，并确定其传递函数。

解：(1) 图 2.2(a)所示的方块图可按图 2.3 进行化简。

根据化简后的方块图，得

$$\frac{X_o}{X_i}=\frac{G_1\dfrac{G_2G_3}{1+G_3H_3+G_2G_3H_2}}{1+G_1\dfrac{G_2G_3}{1+G_3H_3+G_2G_3H_2}H_1}$$

$$=\frac{G_1G_2G_3}{1+G_3H_3+G_2G_3H_2+G_1G_2G_3H_1}$$

(2) 图 2.2(b)所示的方块图可按图 2.4 进行化简。

根据化简后的方块图，得

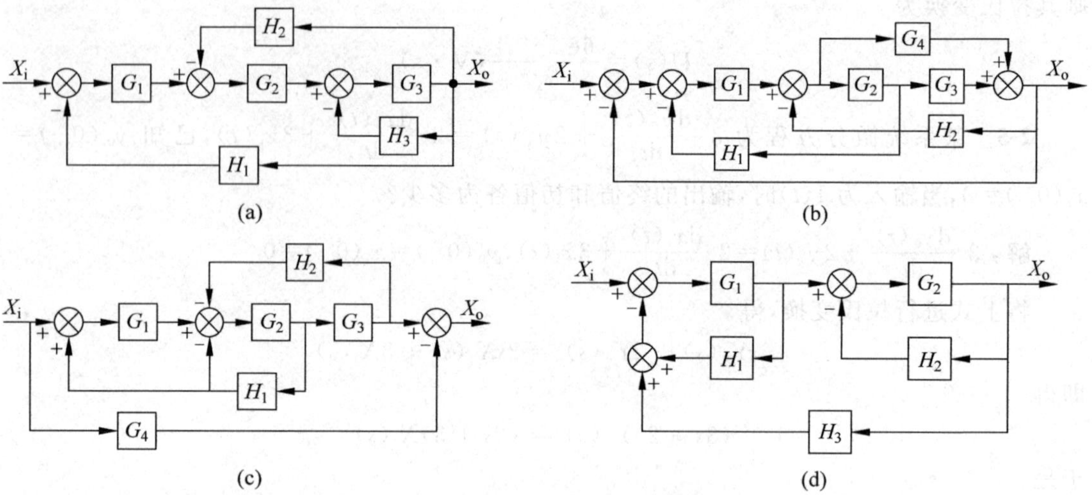

X_i
X_o
G_1
G_2
G_3
G_4
H_1
H_2
H_3
(a)
(b)
(c)
(d)

图 2.2

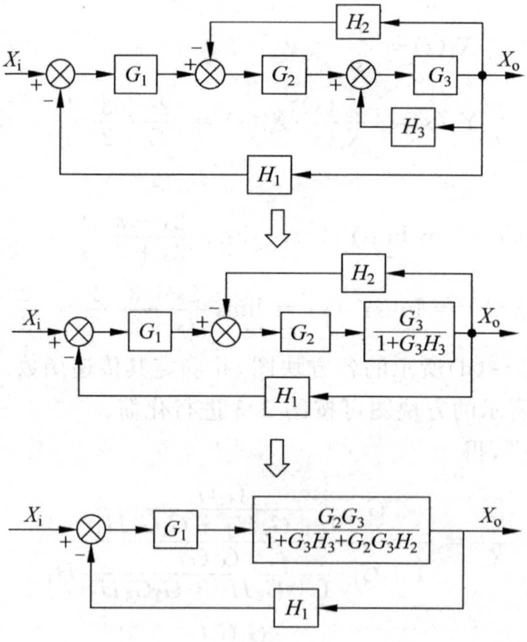

X_i
X_o
G_1
G_2
G_3
H_1
H_2
H_3
$\frac{G_3}{1+G_3H_3}$
$\frac{G_2G_3}{1+G_3H_3+G_2G_3H_2}$

图 2.3

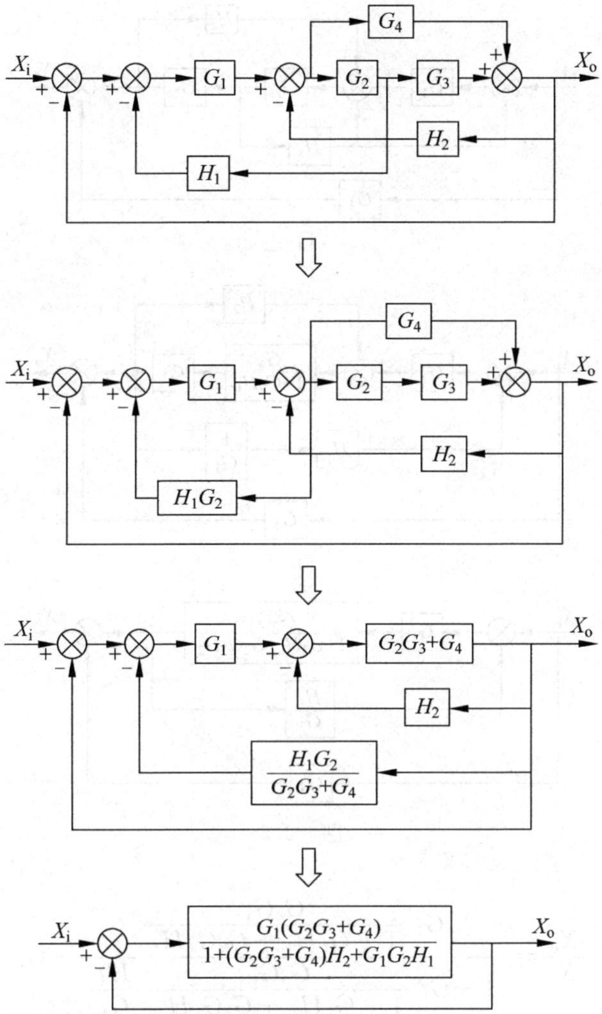

图 2.4

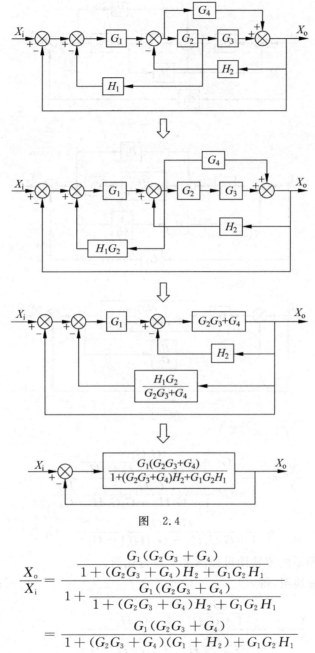

$$\frac{X_o}{X_i}=\frac{\dfrac{G_1(G_2G_3+G_4)}{1+(G_2G_3+G_4)H_2+G_1G_2H_1}}{1+\dfrac{G_1(G_2G_3+G_4)}{1+(G_2G_3+G_4)H_2+G_1G_2H_1}}$$

$$=\frac{G_1(G_2G_3+G_4)}{1+(G_2G_3+G_4)(G_1+H_2)+G_1G_2H_1}$$

(3) 图 2.2(c)所示的方块图可按图 2.5 进行化简。

根据化简后的方块图,得

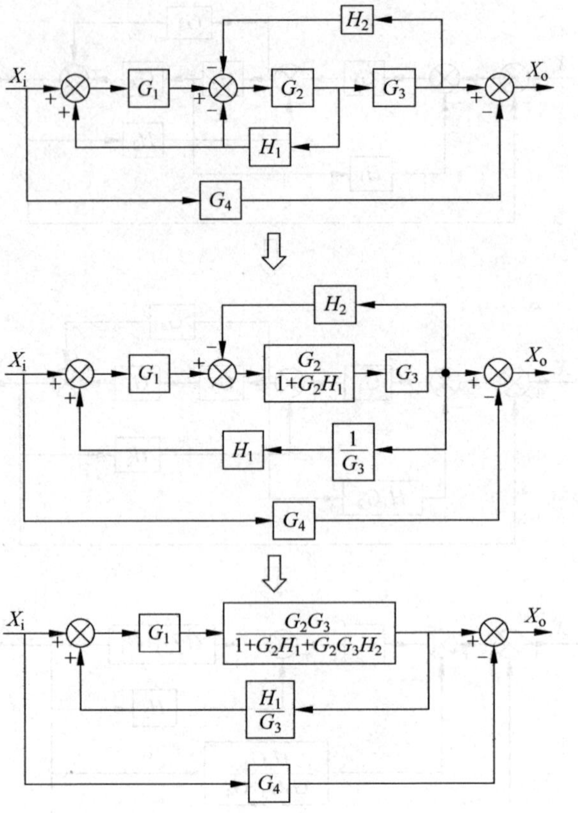

图 2.5

$$\frac{X_o}{X_i}=\frac{G_1\frac{G_2G_3}{1+G_2H_1+G_2G_3H_2}}{1-G_1\frac{G_2G_3}{1+G_2H_1+G_2G_3H_2}\frac{H_1}{G_3}}-G_4$$

$$=\frac{G_1G_2G_3}{1+G_2G_3H_2+G_2H_1(1-G_1)}-G_4$$

(4) 图 2.2(d)所示的方块图可按图 2.6 进行化简。

根据化简后的方块图,得

$$\frac{X_o}{X_i}=\frac{\frac{G_1}{1+G_1H_1}\frac{G_2}{1+G_2H_2}}{1+\frac{G_1}{1+G_1H_1}\frac{G_2}{1+G_2H_2}H_3}$$

$$=\frac{G_1G_2}{1+G_1H_1+G_2H_2+G_1G_2H_1H_2+G_1G_2H_3}$$

2-7 对于图 2.7 所示的系统:

(1) 求 $X_o(s)$和 $X_{i1}(s)$之间的闭环传递函数；

(2) 求 $X_o(s)$和 $X_{i2}(s)$之间的闭环传递函数。

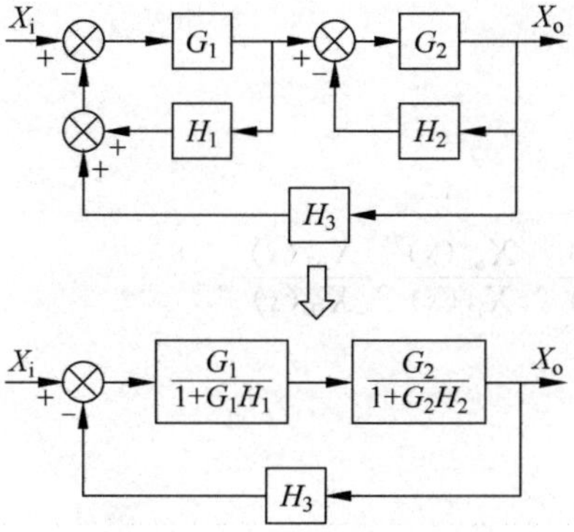

图 2.6

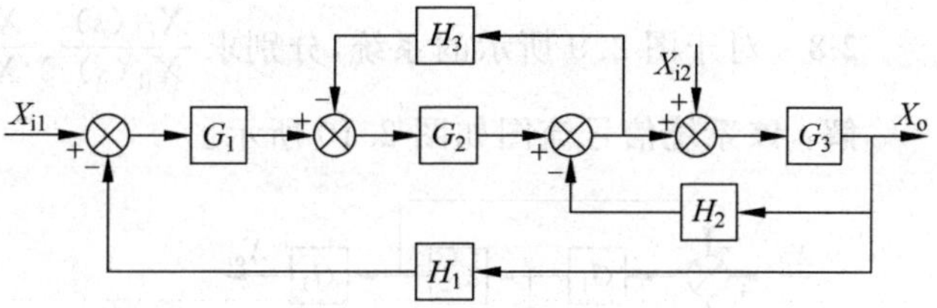

图 2.7

解：通过方块图变换，该系统与图 2.8 所示系统等价。

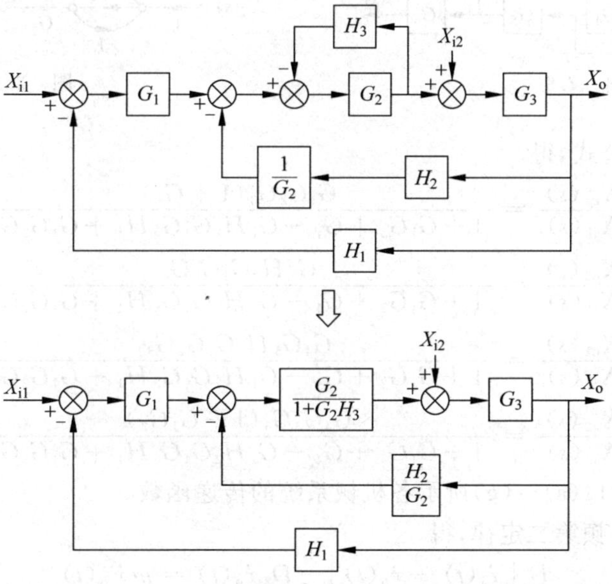

图 2.8

根据化简后的方块图，得

(1) $$\frac{X_o(s)}{X_{i1}(s)}=\frac{G_1\dfrac{G_2}{1+G_2H_3}G_3}{1+\dfrac{G_2}{1+G_2H_3}G_3\dfrac{H_2}{G_2}+G_1\dfrac{G_2}{1+G_2H_3}G_3H_1}$$

$$= \frac{G_1G_2G_3}{1+G_2H_3+G_3H_2+G_1G_2G_3H_1}$$

(2) $$\frac{X_o(s)}{X_{i2}(s)} = \frac{G_3}{1+G_3\left(\frac{H_2}{G_2}+G_1H_1\right)\frac{G_2}{1+G_2H_3}}$$

$$= \frac{G_3(1+G_2H_3)}{1+G_3H_2+G_2H_3+G_1G_2G_3H_1}$$

2-8 对于图 2.9 所示的系统,分别求$\frac{X_{o1}(s)}{X_{i1}(s)}$、$\frac{X_{o2}(s)}{X_{i2}(s)}$、$\frac{X_{o1}(s)}{X_{i2}(s)}$、$\frac{X_{o2}(s)}{X_{i1}(s)}$。

解:该系统信号流图如图 2.10 所示。

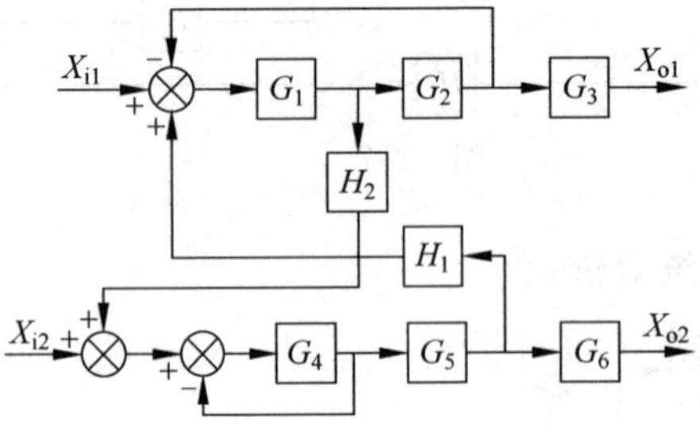

图 2.9

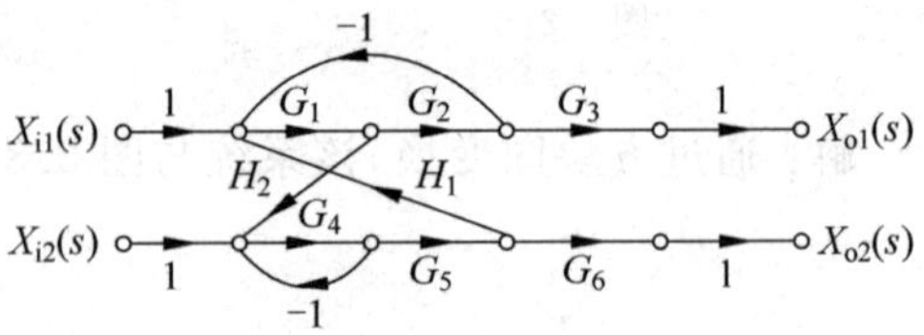

图 2.10

根据梅逊增益公式,得

$$\frac{X_{o1}(s)}{X_{i1}(s)} = \frac{G_1G_2G_3(1+G_4)}{1+G_1G_2+G_4-G_1H_2G_4G_5H_1+G_1G_2G_4}$$

$$\frac{X_{o2}(s)}{X_{i1}(s)} = \frac{G_1H_2G_4G_5G_6}{1+G_1G_2+G_4-G_1H_2G_4G_5H_1+G_1G_2G_4}$$

$$\frac{X_{o1}(s)}{X_{i2}(s)} = \frac{G_4G_5H_1G_1G_2G_3}{1+G_1G_2+G_4-G_1H_2G_4G_5H_1+G_1G_2G_4}$$

$$\frac{X_{o2}(s)}{X_{i2}(s)} = \frac{G_4G_5G_6(1+G_1G_2)}{1+G_1G_2+G_4-G_1H_2G_4G_5H_1+G_1G_2G_4}$$

2-9 试求图 2.11(a)~(g)所示各机械系统的传递函数。

解:(a) 根据牛顿第二定律,得

$$D_1[\dot{x}_i(t)-\dot{x}_o(t)]-D_2\dot{x}_o(t) = m\ddot{x}_o(t)$$

即

$$m\ddot{x}_o(t)+(D_1+D_2)\dot{x}_o(t) = D_1\dot{x}_i(t)$$

零初始条件下拉氏变换,得

$$ms^2X_o(s)+(D_1+D_2)sX_o(s) = D_1sX_i(s)$$

由此得

$$\frac{X_o(s)}{X_i(s)} = \frac{D_1s}{ms^2+(D_1+D_2)s}$$

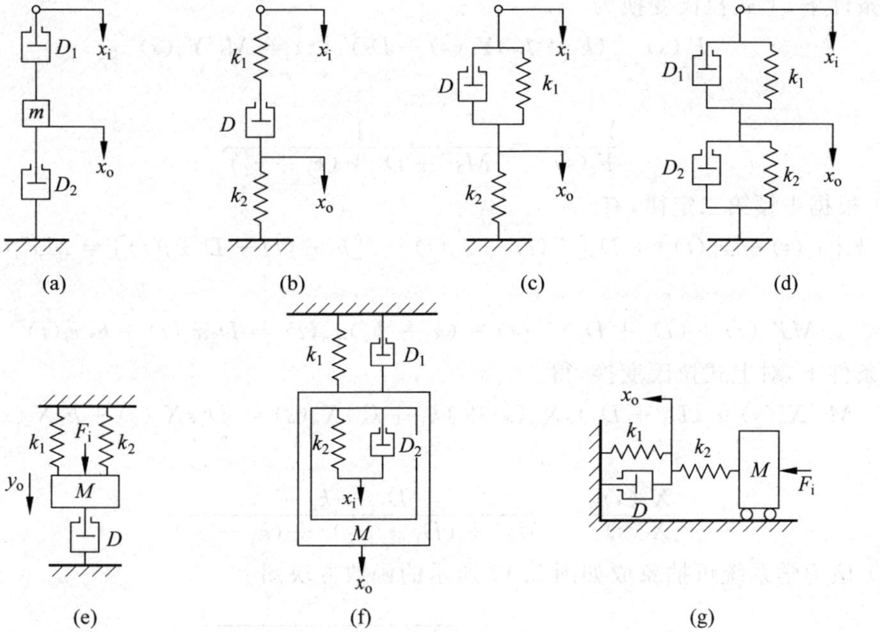

图 2.11

(b) 阻尼器的等效弹性刚度为 Ds，根据力平衡，有

$$\frac{k_1 Ds}{k_1 + Ds}[X_i(s) - X_o(s)] = k_2 X_o(s)$$

整理得

$$\frac{X_o(s)}{X_i(s)} = \frac{k_1 Ds}{(k_1 + k_2)Ds + k_1 k_2}$$

(c) 阻尼器 D 的等效弹性刚度为 Ds，根据力平衡，有

$$(k_1 + Ds)[X_i(s) - X_o(s)] = k_2 X_o(s)$$

整理得

$$\frac{X_o(s)}{X_i(s)} = \frac{Ds + k_1}{Ds + k_1 + k_2}$$

(d) 阻尼器 D_1 和 D_2 的等效弹性刚度分别为 $D_1 s$ 和 $D_2 s$，根据力平衡，有

$$(D_1 s + k_1)[X_i(s) - X_o(s)] = (D_2 s + k_2)X_o(s)$$

整理得

$$\frac{X_o(s)}{X_i(s)} = \frac{D_1 s + k_1}{(D_1 + D_2)s + (k_1 + k_2)}$$

(e) 根据牛顿第二定律，有

$$F_i(t) - (k_1 + k_2)Y_o(t) - D\dot{Y}_o(t) = M\ddot{Y}_o(t)$$

零初始条件下,上式拉氏变换为

$$F_i(s)-(k_1+k_2)Y_o(s)-DsY_o(s)=Ms^2Y_o(s)$$

整理得

$$\frac{Y_o(s)}{F_i(s)}=\frac{1}{Ms^2+Ds+(k_1+k_2)}$$

(f) 根据牛顿第二定律,有

$$k_2[x_i(t)-x_o(t)]+D_2[\dot{x}_i(t)-\dot{x}_o(t)]-[k_1x_o(t)+D_1\dot{x}_o(t)]=M\ddot{x}_o(t)$$

即

$$M\ddot{x}_o(t)+(D_1+D_2)\dot{x}_o(t)+(k_1+k_2)x_o(t)=D_2\dot{x}_i(t)+k_2x_i(t)$$

零初始条件下,对上式拉氏变换,得

$$Ms^2X_o(s)+(D_1+D_2)sX_o(s)+(k_1+k_2)X_o(s)=D_2sX_i(s)+k_2X_i(s)$$

于是得

$$\frac{X_o(s)}{X_i(s)}=\frac{D_2s+k_2}{Ms^2+(D_1+D_2)s+(k_1+k_2)}$$

(g) 该力学系统可抽象成如图2.12所示的函数方块图。

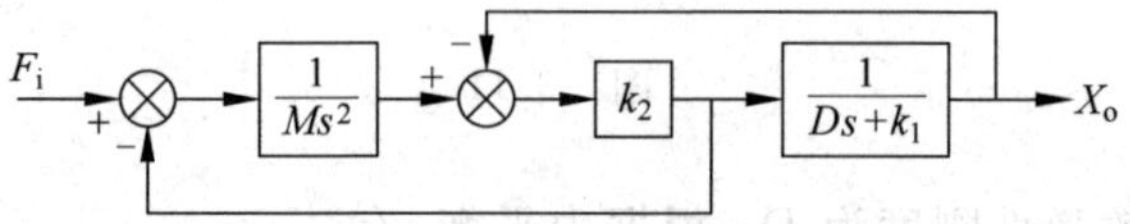

图 2.12

所以

$$\frac{X_o(s)}{F_i(s)}=\frac{\dfrac{k_2}{Ms^2(Ds+k_1)}}{1+\dfrac{k_2}{Ms^2}+\dfrac{k_2}{Ds+k_1}}=\frac{k_2}{MDs^3+M(k_1+k_2)s^2+k_2Ds+k_1k_2}$$

2-10 试求图2.13(a)~(c)所示各无源电路网络的传递函数。

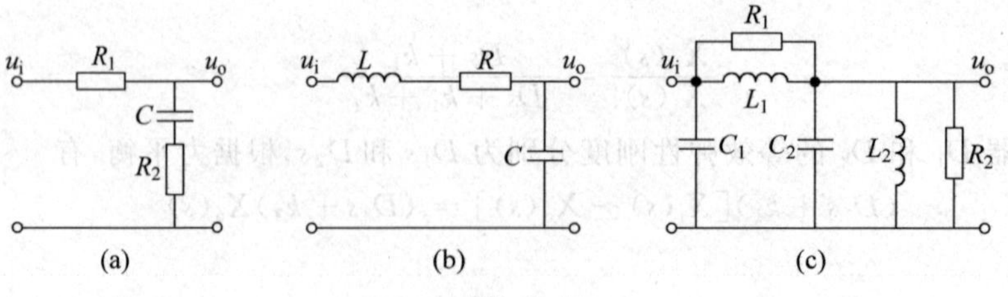

图 2.13

解：(a) $$\frac{U_o(s)}{U_i(s)}=\frac{\frac{1}{Cs}+R_2}{R_1+\frac{1}{Cs}+R_2}=\frac{R_2Cs+1}{(R_1+R_2)Cs+1}$$

(b) $$\frac{U_o(s)}{U_i(s)}=\frac{\frac{1}{Cs}}{Ls+R+\frac{1}{Cs}}=\frac{1}{LCs^2+RCs+1}$$

(c) $$\frac{U_o(s)}{U_i(s)}=\frac{\frac{1}{\frac{1}{sL_2}+sC_2+\frac{1}{R_2}}}{\frac{1}{\frac{1}{sL_2}+sC_2+\frac{1}{R_2}}+\frac{1}{\frac{1}{R_1}+\frac{1}{sL_1}}}$$

$$=\frac{\frac{L_2}{L_1+L_2}\left(\frac{L_1}{R_2}s+1\right)}{\frac{L_1L_2}{L_1+L_2}C_2s^2+\frac{L_1L_2(R_1+R_2)}{(L_1+L_2)R_1R_2}s+1}$$

2-11 试求图 2.14(a)～(d)所示各有源电路网络的传递函数。

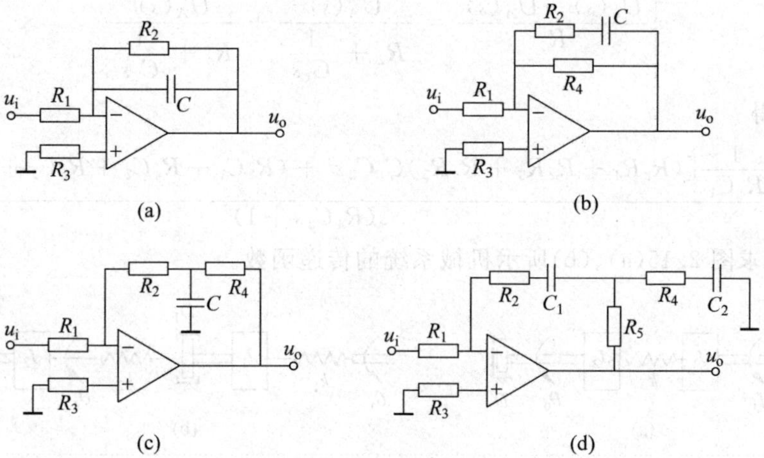

图 2.14

解：(a) $$\frac{U_o(s)}{U_i(s)}=-\frac{\frac{R_2\frac{1}{Cs}}{R_2+\frac{1}{Cs}}}{R_1}=-\frac{\frac{R_2}{R_1}}{R_2Cs+1}$$

(b) $$\frac{U_o(s)}{U_i(s)}=-\frac{\dfrac{\left(R_2+\dfrac{1}{Cs}\right)R_4}{\left(R_2+\dfrac{1}{Cs}\right)+R_4}}{R_1}=-\frac{\dfrac{R_4}{R_1}(R_2Cs+1)}{(R_2+R_4)Cs+1}$$

(c) 设电容 C 和电阻 R_2 连接点的电位为 u_A,则有

$$\begin{cases}\dfrac{U_A(s)}{\dfrac{1}{Cs}}+\dfrac{U_A(s)}{R_2}=\dfrac{U_o(s)-U_A(s)}{R_4}\\ \dfrac{U_A(s)}{R_2}=-\dfrac{U_i(s)}{R_1}\end{cases}$$

消去 $U_A(s)$,得

$$\frac{U_o(s)}{U_i(s)}=-\frac{R_2+R_4}{R_1}\left(\frac{R_2R_4}{R_2+R_4}Cs+1\right)$$

(d) 设 C_1、R_4 和 R_5 的连接点电位为 u_A,则有

$$\begin{cases}\dfrac{U_i(s)}{R_1}=-\dfrac{U_A(s)}{R_2+\dfrac{1}{C_1s}}\\ \dfrac{U_o(s)-U_A(s)}{R_5}=\dfrac{U_A(s)}{R_2+\dfrac{1}{C_1s}}+\dfrac{U_A(s)}{R_4+\dfrac{1}{C_2s}}\end{cases}$$

消去 $U_A(s)$,得

$$\frac{U_o(s)}{U_i(s)}=-\frac{\dfrac{1}{R_1C_1}[(R_2R_4+R_2R_5+R_4R_5)C_1C_2s^2+(R_2C_1+R_4C_2+R_5C_1+R_5C_2)s+1]}{s(R_4C_2s+1)}$$

2-12 试求图 2.15(a)、(b)所示机械系统的传递函数。

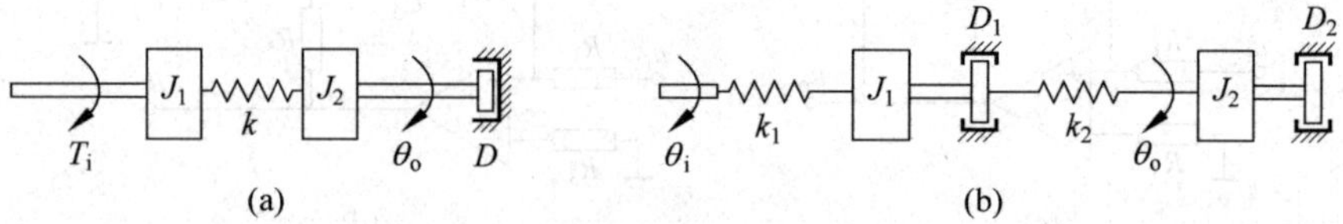

图 2.15

解:(a) 设 J_1 的转角为 θ_1,则有

$$\begin{cases}T_i(t)-k[\theta_1(t)-\theta_o(t)]=J_1\ddot{\theta}_1(t)\\ k[\theta_1(t)-\theta_o(t)]-D\dot{\theta}_o(t)=J_2\ddot{\theta}_o(t)\end{cases}$$

消去 $\theta_1(t)$,得

$$\theta_o^{(4)}(t)+\frac{D}{J_2}\theta_o^{(3)}(t)+\frac{k(J_1+J_2)}{J_1J_2}\ddot{\theta}_o(t)+\frac{Dk}{J_1J_2}\dot{\theta}_o(t)=\frac{k}{J_1J_2}T_i(t)$$

零初始条件下,对上式进行拉氏变换,得

$$s^4\Theta_o(s)+\frac{D}{J_2}s^3\Theta_o(s)+\frac{k(J_1+J_2)}{J_1J_2}s^2\Theta_o(s)+\frac{Dk}{J_1J_2}s\Theta_o(s)=\frac{k}{J_1J_2}T_i(s)$$

于是得

$$\frac{\Theta_o(s)}{T_i(s)}=\frac{\dfrac{k}{J_1J_2}}{s\left[s^3+\dfrac{D}{J_2}s^2+\dfrac{k(J_1+J_2)}{J_1J_2}s+\dfrac{Dk}{J_1J_2}\right]}$$

(b) 系统可抽象成如图 2.16 所示的方块图。

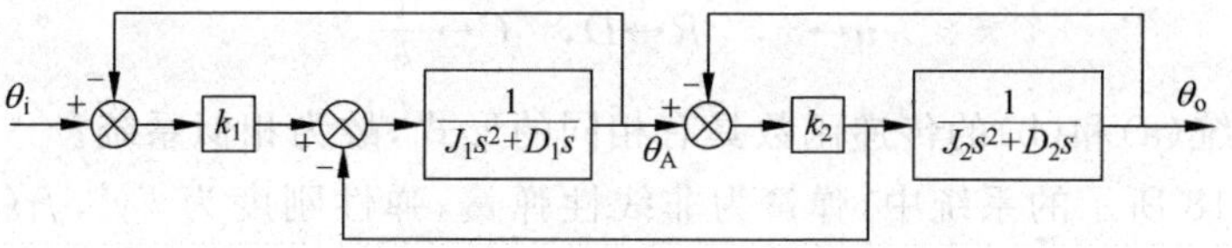

图 2.16

根据方块图可得

$$\frac{\Theta_o(s)}{\Theta_i(s)}=\frac{\dfrac{k_1}{J_1s^2+D_1s}\ \dfrac{k_2}{J_2s^2+D_2s}}{1+\dfrac{k_1}{J_1s^2+D_1s}+\dfrac{k_2}{J_2s^2+D_2s}+\dfrac{k_2}{J_1s^2+D_1s}+\dfrac{k_1}{J_1s^2+D_1s}\ \dfrac{k_2}{J_2s^2+D_2s}}$$

$$=\frac{1}{\dfrac{J_1J_2}{k_1k_2}s^4+\dfrac{J_1D_2+J_2D_1}{k_1k_2}s^3+\left(\dfrac{J_1}{k_1}+\dfrac{J_2}{k_2}+\dfrac{J_2}{k_1}+\dfrac{D_1D_2}{k_1k_2}\right)s^2+\left(\dfrac{D_1}{k_1}+\dfrac{D_2}{k_2}+\dfrac{D_2}{k_1}\right)s+1}$$

2-13 证明图 2.17(a)与(b)所示的系统是相似系统(即证明两个系统的传递函数具有相似的形式)。

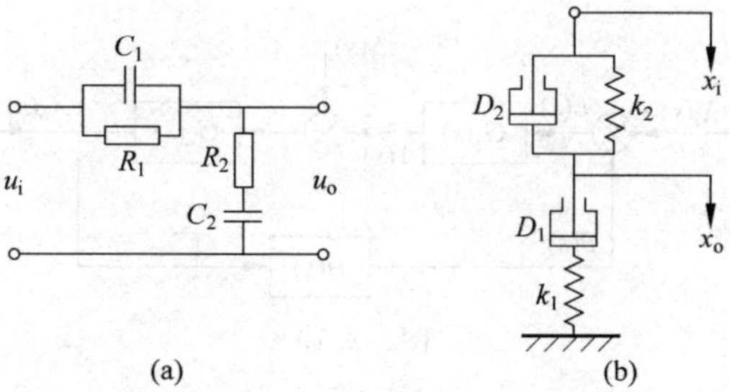

图 2.17

解:(a) $\dfrac{U_o(s)}{U_i(s)}=\dfrac{R_2+\dfrac{1}{C_2s}}{R_2+\dfrac{1}{C_2s}+\dfrac{R_1\dfrac{1}{C_1s}}{R_1+\dfrac{1}{C_1s}}}$

$$=\frac{R_1R_2C_1C_2s^2+(R_1C_1+R_2C_2)s+1}{R_1R_2C_1C_2s^2+(R_1C_1+R_2C_2+R_1C_2)s+1}$$

(b) $$\frac{X_o(s)}{X_i(s)}=\frac{\dfrac{\dfrac{k_1D_1s}{k_1+D_1s}(k_2+D_2s)}{\dfrac{k_1D_1s}{k_1+D_1s}+(k_2+D_2s)}}{\dfrac{k_1D_1s}{k_1+D_1s}}=\frac{\dfrac{D_1D_2}{k_1k_2}s^2+\left(\dfrac{D_1}{k_1}+\dfrac{D_2}{k_2}\right)s+1}{\dfrac{D_1D_2}{k_1k_2}s^2+\left(\dfrac{D_1}{k_1}+\dfrac{D_2}{k_2}+\dfrac{D_1}{k_2}\right)s+1}$$

对照系统(a)和(b)的传递函数,如果使

$$u\leftrightarrow x,\quad R\leftrightarrow D,\quad C\leftrightarrow\frac{1}{k}$$

则可看出系统(a)和(b)的传递函数具有相同的形式,故为相似系统。

2-14 图2.18所示的系统中,弹簧为非线性弹簧,弹性刚度为ky_o^2,$f_i(t)$为输入外力,$y_o(t)$为输出位移,D为阻尼系数。试用增量方程表示线性化后的系统微分方程关系式。

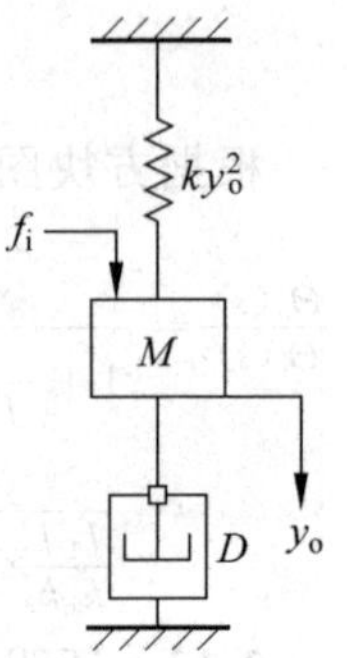

图 2.18

解:根据牛顿第二定律,系统可表示为如下的微分方程:

$$M\ddot{y}_o(t)+D\dot{y}_o(t)+ky_o^3(t)=f_i(t)\tag{2-1}$$

当变量发生微小增量时,有

$$M[y_o(t)+\Delta y_o(t)]''+D[y_o(t)+\Delta y_o(t)]+k[y_o(t)+\Delta y_o(t)]^3$$
$$=f_i(t)+\Delta f_i(t)\tag{2-2}$$

式(2-2)减去式(2-1),并忽略二阶及其以上高阶小量,得

$$M\Delta\ddot{y}_o(t)+D\Delta\dot{y}_o(t)+3y_o^2k\Delta y_o(t)=\Delta f_i(t)$$

2-15 对于图2.19所示的系统,试求:

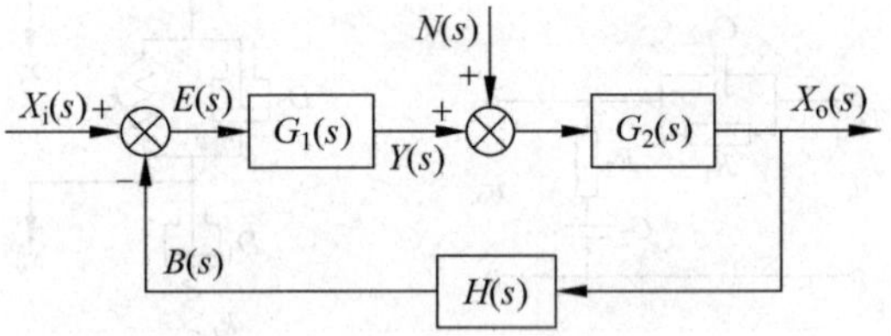

图 2.19

(1) 以$X_i(s)$为输入,分别以$X_o(s)$、$Y(s)$、$B(s)$、$E(s)$为输出的传递函数;

(2) 以$N(s)$为输入,分别以$X_o(s)$、$Y(s)$、$B(s)$、$E(s)$为输出的传递函数。

解:(1) $$\frac{X_o(s)}{X_i(s)}=\frac{G_1(s)G_2(s)}{1+G_1(s)G_2(s)H(s)}$$

$$\frac{Y(s)}{X_i(s)}=\frac{G_1(s)}{1+G_1(s)G_2(s)H(s)}$$

$$\frac{B(s)}{X_i(s)}=\frac{G_1(s)G_2(s)H(s)}{1+G_1(s)G_2(s)H(s)}$$

$$\frac{E(s)}{X_i(s)}=\frac{1}{1+G_1(s)G_2(s)H(s)}$$

(2) $$\frac{X_o(s)}{N(s)}=\frac{G_2(s)}{1+G_1(s)G_2(s)H(s)}$$

$$\frac{Y(s)}{N(s)}=\frac{-G_1(s)G_2(s)H(s)}{1+G_1(s)G_2(s)H(s)}$$

$$\frac{B(s)}{N(s)}=\frac{G_2(s)H(s)}{1+G_1(s)G_2(s)H(s)}$$

$$\frac{E(s)}{N(s)}=\frac{-G_2(s)H(s)}{1+G_1(s)G_2(s)H(s)}$$

2-16 对于图 2.20 所示的系统，试求$\frac{N_o(s)}{U_i(s)}$和$\frac{N_o(s)}{M_c(s)}$。其中，$M_c(s)$为负载干扰力矩的象函数，$N_o(s)$为转速的象函数。

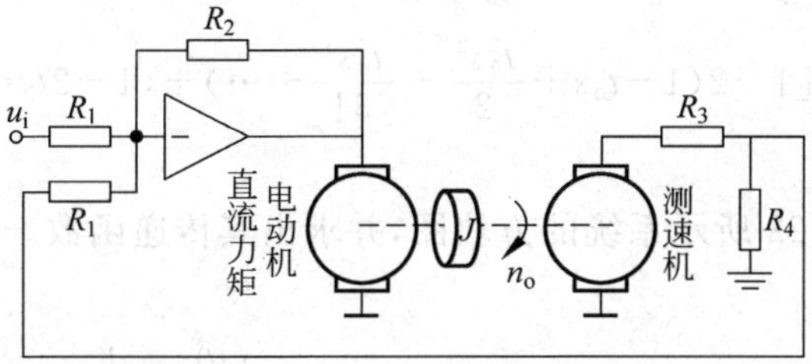

图 2.20

解：设力矩电机的电枢电阻为 R，电枢电感为 L，电机力矩系数为 K_T，电机反电势系数为 K_E，测速机的传递函数为 K_n，则该系统可抽象为如图 2.21 所示的方块图。

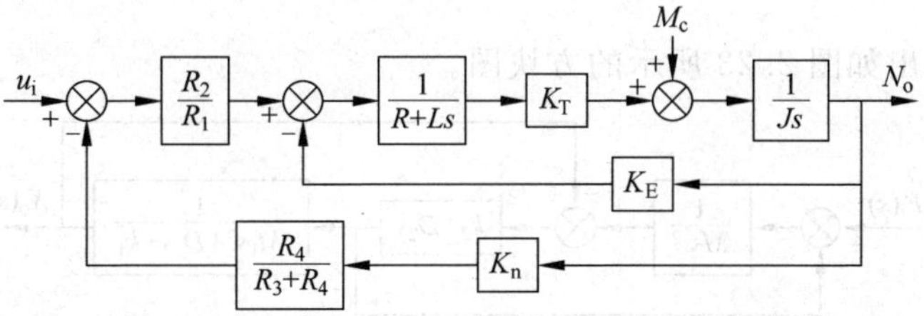

图 2.21

$$\frac{N_o(s)}{U_i(s)}=\frac{\frac{R_2}{R_1}\ \frac{1}{R+Ls}K_T\ \frac{1}{Js}}{1+\frac{R_2}{R_1}\ \frac{1}{R+Ls}K_T\ \frac{1}{Js}K_n\ \frac{R_4}{R_3+R_4}+\frac{1}{R+Ls}K_T\ \frac{1}{Js}K_E}$$

$$=\frac{\frac{R_2K_T}{R_1LJ}}{s^2+\frac{R}{L}s+\frac{K_T(R_2R_4K_n+R_1R_3K_E+R_1R_4K_E)}{R_1(R_3+R_4)LJ}}$$

$$\frac{N_o(s)}{M_c(s)}=\frac{\frac{1}{Js}}{1+\frac{R_2}{R_1}\ \frac{1}{R+Ls}K_T\ \frac{1}{Js}K_n\ \frac{R_4}{R_3+R_4}+\frac{1}{R+Ls}K_T\ \frac{1}{Js}K_E}$$

$$=\frac{\frac{1}{J}\left(s+\frac{R}{L}\right)}{s^2+\frac{R}{L}s+\frac{K_T(R_2R_4K_n+R_1R_3K_E+R_1R_4K_E)}{R_1(R_3+R_4)LJ}}$$

2-17 试求如下形式函数 $f(t)$的拉氏变换,$f(t)$为单位脉冲函数 $\delta(t)$的导数。

$$f(t)=\lim_{t_0\to 0}\frac{1(t)-2[1(t-t_0)]+1(t-2t_0)}{t_0^2}$$

解:$F(s)=\lim\limits_{t_0\to 0}\frac{1}{t_0^2}\left(\frac{1}{s}-\frac{2e^{-t_0s}}{s}+\frac{e^{-2t_0s}}{s}\right)$

$$=\lim_{t_0\to 0}\frac{1}{t_0^2s}\left[1-2\left(1-t_0s+\frac{t_0^2s^2}{2}-\frac{t_0^3s^3}{3!}+\cdots\right)+\left(1-2t_0s+\frac{4t_0^2s^2}{2}-\frac{8t_0^3s^3}{3!}+\cdots\right)\right]$$

$$=s$$

2-18 试画出图 2.22 所示系统的方块图,并求出其传递函数。其中,$f_i(t)$为输入外力,$x_o(t)$为输出位移。

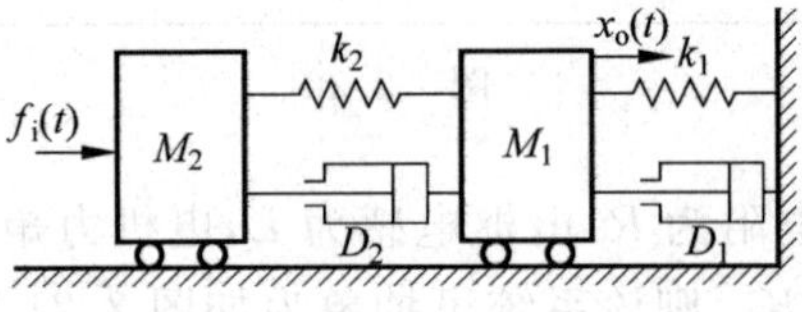

图 2.22

解:依题可画出如图 2.23 所示的方块图。

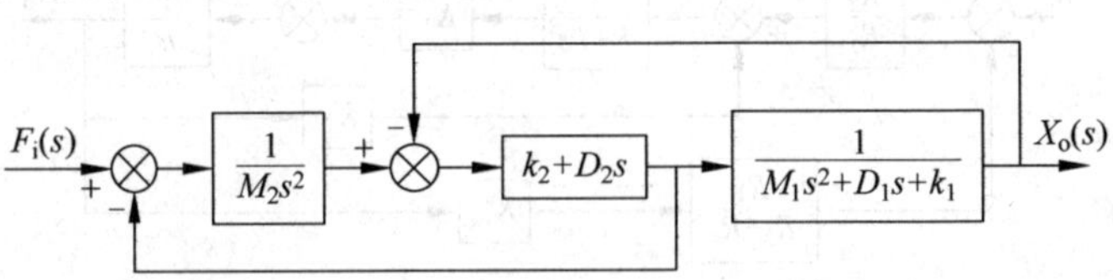

图 2.23

由图可得

$$\frac{X_o(s)}{F_i(s)}=\frac{\frac{1}{M_2s^2}(k_2+D_2s)\ \frac{1}{M_1s^2+D_1s+k_1}}{1+\frac{1}{M_2s^2}(k_2+D_2s)+(k_2+D_2s)\ \frac{1}{M_1s^2+D_1s+k_1}}$$

$$=\frac{D_2s+k_2}{M_1M_2s^4+(M_1D_2+M_2D_1+M_2D_2)s^3+(M_1k_2+M_2k_1+D_1D_2+M_2k_2)s^2+(D_1k_2+D_2k_1)s+k_1k_2}$$

2-19 某机械系统如图 2.24 所示。其中，M_1 和 M_2 为质量块的质量，D_1、D_2 和 D_3 分别为质量块 M_1、质量块 M_2 和基础之间，质量块之间的黏性阻尼系数。$f_i(t)$为输入外力，$y_1(t)$和 $y_2(t)$分别为两质量块 M_1 和 M_2 的位移。试求 $G_1(s)=\dfrac{Y_1(s)}{F_i(s)}$和$G_2(s)=\dfrac{Y_2(s)}{F_i(s)}$。

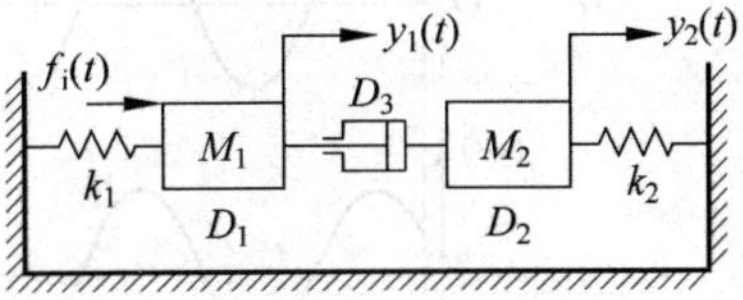

图 2.24

解：该系统可抽象成如图 2.25 所示的方块图。

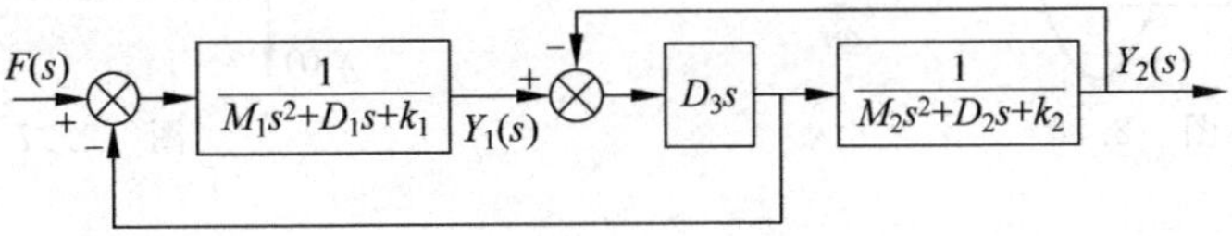

图 2.25

由方块图可得

$$G_1(s)=\frac{M_2s^2+(D_2+D_3)s+k_2}{M_1M_2s^4+(M_1D_2+M_2D_1+M_1D_3+M_2D_3)s^3+(M_1k_2+M_2k_1+D_1D_2+D_1D_3+D_2D_3)s^2+(D_1k_2+D_2k_1+D_3k_1+D_3k_2)s+k_1k_2}$$

$$G_2(s)=\frac{D_3s}{M_1M_2s^4+(M_1D_2+M_2D_1+M_1D_3+M_2D_3)s^3+(M_1k_2+M_2k_1+D_1D_2+D_1D_3+D_2D_3)s^2+(D_1k_2+D_2k_1+D_3k_1+D_3k_2)s+k_1k_2}$$

2-20 如图 2.26 所示，ω 为角速度，t 为时间变量，试求 $F_1(s)$、$F_2(s)$和 $F_3(s)$。

解：由图 2.26 得

$$F_1(s)=\frac{\omega}{s^2+\omega^2}$$

又由

$$\begin{aligned}f_2(t)&=(\sin\omega t)\cdot 1(t-t_0)=\{\sin[\omega(t-t_0)+\omega t_0]\}\cdot 1(t-t_0)\\&=[\sin\omega(t-t_0)\cos\omega t_0+\sin\omega t_0\cos\omega(t-t_0)]\cdot 1(t-t_0)\end{aligned}$$

得

$$F_2(s)=\cos\omega t_0\frac{\omega}{s^2+\omega^2}e^{-t_0s}+\sin\omega t_0\frac{s}{s^2+\omega^2}e^{-t_0s}=\frac{e^{-t_0s}}{s^2+\omega^2}(\omega\cos\omega t_0+s\cdot\sin\omega t_0)$$

另由

$$f_3(t)=[\sin\omega(t-t_0)]\cdot 1(t-t_0)$$

得

$$F_3(s)=e^{-t_0s}\frac{\omega}{s^2+\omega^2}$$

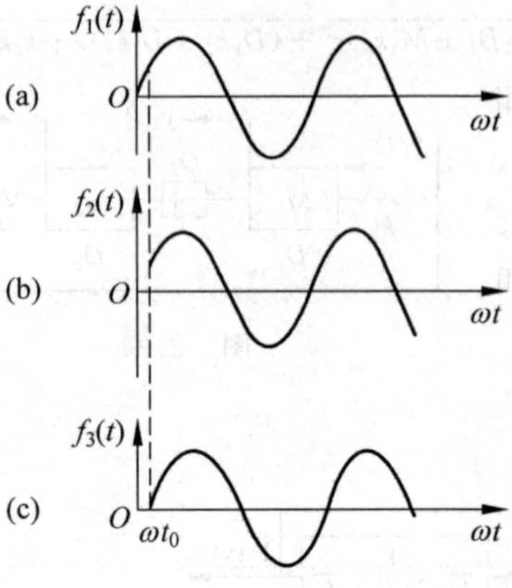

图 2.26

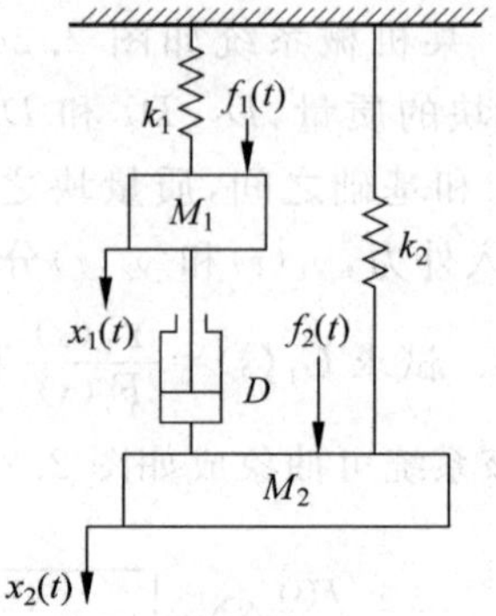

图 2.27

2-21 对于图 2.27 所示的系统，已知 D 为黏性阻尼系数。试求：

(1) 从作用力 $f_1(t)$到位移 $x_2(t)$的传递函数；

(2) 从作用力 $f_2(t)$到位移 $x_1(t)$的传递函数；

(3) 从作用力 $f_1(t)$到位移 $x_1(t)$的传递函数；

(4) 从作用力 $f_2(t)$到位移 $x_2(t)$的传递函数。

解：由图 2.27 可画出如图 2.28 所示的方块图。

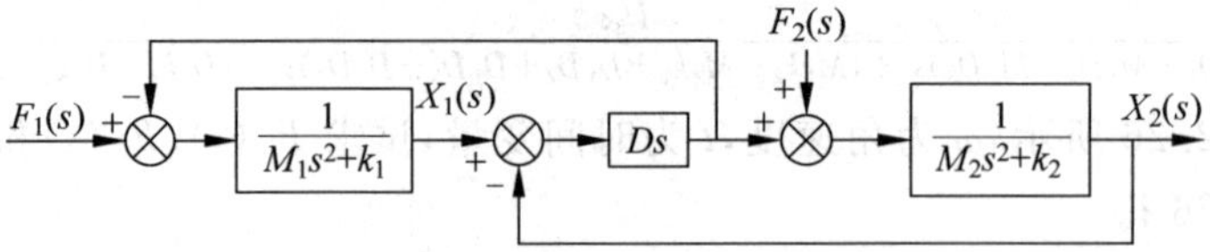

图 2.28

可得

(1) $$\frac{X_2(s)}{F_1(s)}=\frac{Ds}{M_1M_2s^4+D(M_1+M_2)s^3+(M_1k_2+M_2k_1)s^2+D(k_2+k_1)s+k_1k_2}$$

(2) $$\frac{X_1(s)}{F_2(s)}=\frac{Ds}{M_1M_2s^4+D(M_1+M_2)s^3+(M_1k_2+M_2k_1)s^2+D(k_2+k_1)s+k_1k_2}$$

(3) $$\frac{X_1(s)}{F_1(s)}=\frac{M_2s^2+Ds+k_2}{M_1M_2s^4+D(M_1+M_2)s^3+(M_1k_2+M_2k_1)s^2+D(k_2+k_1)s+k_1k_2}$$

(4) $$\frac{X_2(s)}{F_2(s)}=\frac{M_1s^2+Ds+k_1}{M_1M_2s^4+D(M_1+M_2)s^3+(M_1k_2+M_2k_1)s^2+D(k_2+k_1)s+k_1k_2}$$

2-22 试求图 2.29 中各种波形所表示的函数的拉氏变换。

解：(a) $f(t)=5t\cdot 1(t)-5t\cdot 1(t-2)-10\cdot 1(t-2)$

则

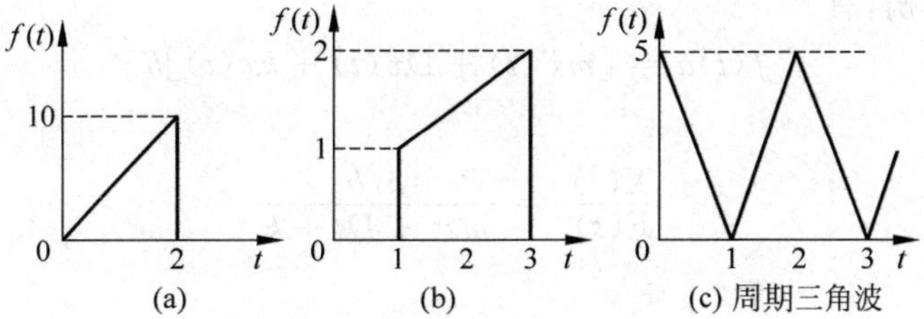

图 2.29

$$F(s)=\frac{5}{s^2}[1-e^{-2s}(1+2s)]$$

(b) $f(t)=0.5\cdot 1(t-1)+0.5t\cdot 1(t-1)-0.5t\cdot 1(t-3)-0.5\cdot 1(t-3)$

则

$$F(s)=\frac{e^{-s}}{s^2}\left(s+\frac{1}{2}\right)-\frac{e^{-3s}}{s^2}\left(2s+\frac{1}{2}\right)$$

(c) $f(t)=5\cdot 1(t)-5t\cdot 1(t)+10(t-1)\cdot 1(t-1)-10(t-2)\cdot 1(t-2)+10(t-3)\cdot 1(t-3)-10(t-4)\cdot 1(t-4)+\cdots$

则

$$\begin{aligned}F(s)&=\frac{5}{s}-\frac{5}{s^2}+\frac{10e^{-s}}{s^2}-\frac{10e^{-2s}}{s^2}+\frac{10e^{-3s}}{s^2}-\frac{10e^{-4s}}{s^2}-\cdots\\&=\frac{5}{s}-\frac{5}{s^2}+\frac{10e^{-s}}{s^2}(1-e^{-s}+e^{-2s}-e^{-3s}+\cdots)\\&=\frac{5}{s}+\frac{5(e^{-s}-1)}{s^2(e^{-s}+1)}\end{aligned}$$

2-23 试求下列卷积：

(1) $1*1$； (2) $t*t$； (3) $t*e^t$； (4) $t*\sin t$。

解：(1) $1*1=\int_0^t 1(t-\tau)1(\tau)d\tau=t$

(2) $t*t=\int_0^t (t-\tau)\tau d\tau=\frac{1}{6}t^3$

(3) $L[t*e^t]=L[t]\cdot L[e^t]=\frac{1}{s^2}\ \frac{1}{s-1}=\frac{1}{s-1}-\frac{1}{s^2}-\frac{1}{s}$

所以

$$t*e^t=e^t-t-1$$

(4) $L[t*\sin t]=L[t]\cdot L[\sin t]=\frac{1}{s^2}\ \frac{1}{s^2+1}=\frac{1}{s^2}-\frac{1}{s^2+1}$

所以

$$t*\sin t=t-\sin t$$

2-24 试求图 2.30 所示机械系统的作用力 $f(t)$ 与位移 $x(t)$ 之间关系的传递函数。

解：依力矩平衡，有

$$f(t)a = [m\ddot{x}(t) + D\dot{x}(t) + kx(t)]b$$

则

$$\frac{X(s)}{F(s)} = \frac{a/b}{ms^2 + Ds + k}$$

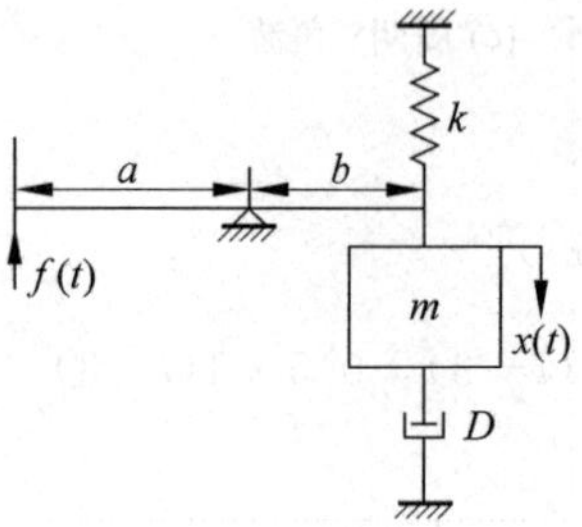

图 2.30

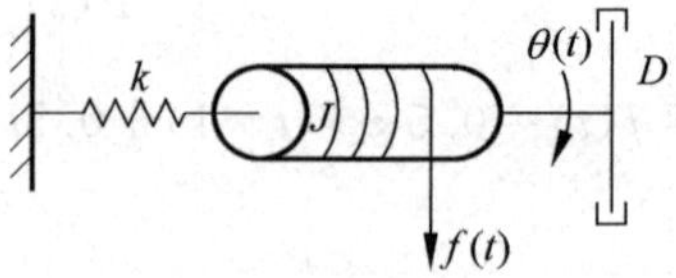

图 2.31

2-25 图2.31所示的系统中，$f(t)$为输入力，k为系统扭簧的弹性刚度，J为轴的转动惯量，D为阻尼系数，系统的输出为轴的转角$\theta(t)$，轴的半径为r，求系统的传递函数。

解：依力矩平衡，有

$$f(t)r = J\ddot{\theta}(t) + D\dot{\theta}(t) + k\theta(t)$$

则

$$\frac{\Theta(s)}{F(s)} = \frac{r}{Js^2 + Ds + k}$$

2-26 试求图2.32(a)、(b)所示系统的传递函数。

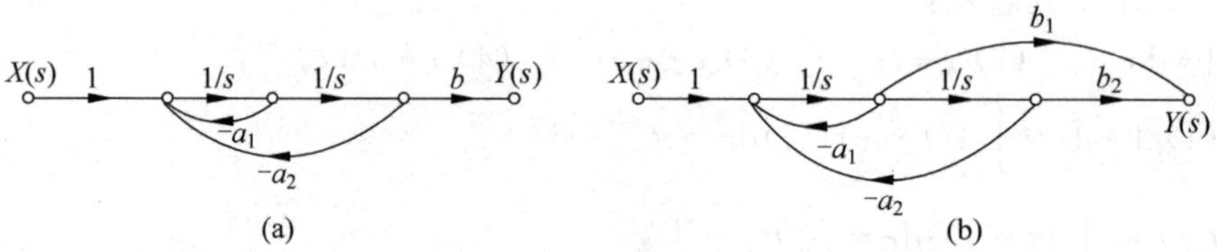

图 2.32

解：(a) $$\frac{Y(s)}{X(s)} = \frac{\frac{1}{s}\frac{1}{s}b}{1 + a_1\frac{1}{s} + a_2\frac{1}{s}\frac{1}{s}} = \frac{b}{s^2 + a_1 s + a_2}$$

(b) $$\frac{Y(s)}{X(s)} = \frac{\frac{1}{s}b_1 + \frac{1}{s}\frac{1}{s}b_2}{1 + \frac{1}{s}a_1 + \frac{1}{s}\frac{1}{s}a_2} = \frac{b_1 s + b_2}{s^2 + a_1 s + a_2}$$

3 时域瞬态响应分析

时域分析是重要的分析方法之一。本章要求学生了解系统在外加作用激励下，根据所描述系统的数学模型，求出系统的输出量随时间变化的规律，并由此确定系统的性能，了解系统的时间响应及其组成；掌握脉冲响应函数等概念，掌握一阶、二阶系统的典型时间响应和高阶系统的时间响应以及主导极点的概念，尤其应熟练掌握一阶及二阶系统的阶跃响应和脉冲响应的有关内容。

3-1 图 3.1 所示的阻容网络中，$u_i(t)=[1(t)-1(t-30)](\mathrm{V})$。当 $t=4$ s 时，输出 $u_o(t)$ 约为多少？当 $t=30$ s 时，输出 $u_o(t)$ 又约为多少？

解：$$\frac{U_o(s)}{U_i(s)}=\frac{\frac{1}{sC}}{R+\frac{1}{sC}}=\frac{1}{RCs+1}=\frac{1}{1\times10^6\times4\times10^{-6}s+1}=\frac{1}{4s+1}$$

$u_o(4)\approx0.632(\mathrm{V})$，　$u_o(30)\approx1(\mathrm{V})$

3-2 某系统传递函数为 $\Phi(s)=\dfrac{s+1}{s^2+5s+6}$，试求其单位脉冲响应函数。

解：$$\frac{X_o(s)}{X_i(s)}=\frac{s+1}{s^2+5s+6}=\frac{-1}{s+2}+\frac{2}{s+3}$$

其单位脉冲响应函数为

$$x_\delta(t)=(-\mathrm{e}^{-2t}+2\mathrm{e}^{-3t})\cdot1(t)$$

3-3 某网络如图 3.2 所示，当 $t\leqslant0^-$ 时，开关与触点 1 接触，当 $t\geqslant0^+$ 时，开关与触点 2

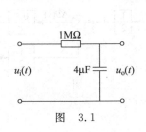

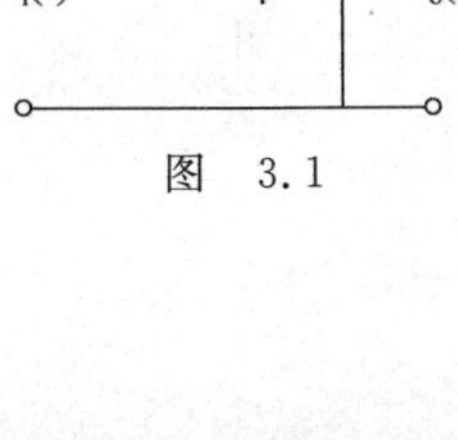

图 3.1

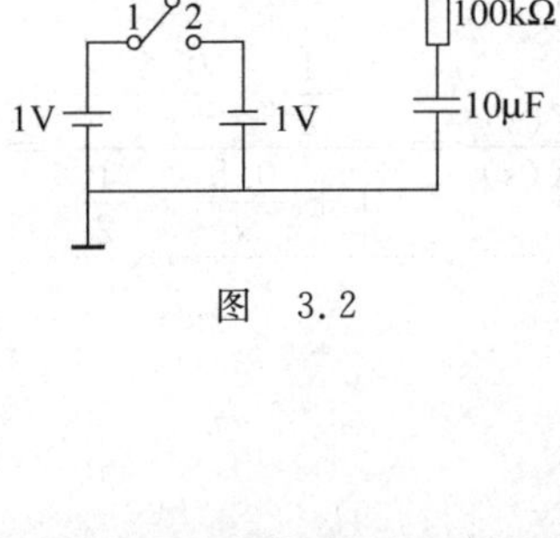

图 3.2

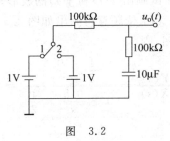

接触。试求出输出响应表达式,并画出输出响应曲线。

解:
$$\frac{U_o(s)}{U_i(s)}=\frac{R+\frac{1}{Cs}}{R+\left(R+\frac{1}{Cs}\right)}=\frac{RCs+1}{2RCs+1}=\frac{s+1}{2s+1}$$

$$u_i(t)=u_{i0}+u_{i1}=1+(-2)\cdot 1(t)(\mathrm{V})$$

$$U_{o1}(s)=\frac{s+1}{2s+1}U_{i1}(s)=\frac{s+1}{2s+1}\ \frac{-2}{s}=\frac{1}{s+\frac{1}{2}}-\frac{2}{s}$$

则

$$u_{o1}(t)=(\mathrm{e}^{-\frac{t}{2}}-2)\cdot 1(t)(\mathrm{V})$$

$$u_o(t)=u_{o0}+u_{o1}=1+(\mathrm{e}^{-\frac{t}{2}}-2)\cdot 1(t)(\mathrm{V})$$

其输出响应曲线如图 3.3 所示。

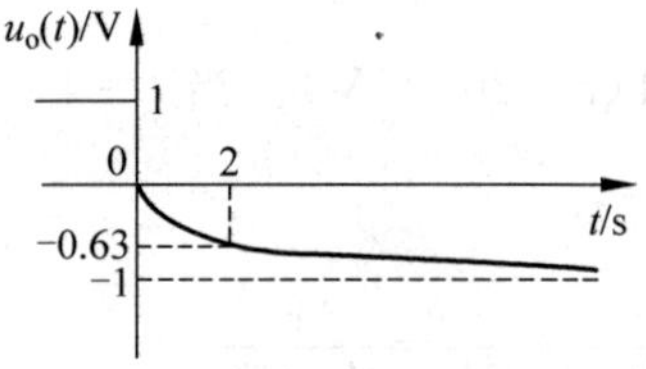

图 3.3

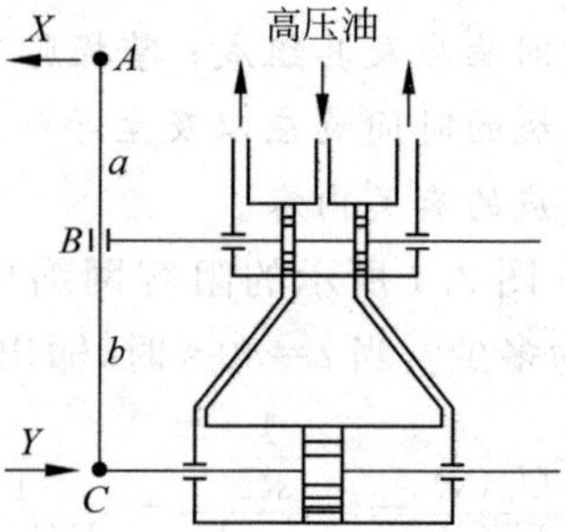

图 3.4

3-4 图 3.4 所示的系统中,若忽略小的时间常数,可认为 $\frac{\mathrm{d}y}{\mathrm{d}t}=0.5\Delta B(\mathrm{s}^{-1})$。其中,$\Delta B$ 为阀芯位移,单位为 cm,令 $a=b$(ΔB 在堵死油路时为零)。

(1) 试画出系统函数方块图,并求 $\frac{Y(s)}{X(s)}$;

(2) 当 $x(t)=[0.5\cdot 1(t)+0.5\cdot 1(t-4s)-1(t-40s)](\mathrm{cm})$ 时,试求 $t=0\mathrm{s}$、$4\mathrm{s}$、$8\mathrm{s}$、$40\mathrm{s}$、$400\mathrm{s}$ 时的 $y(t)$ 值,$\Delta B(\infty)$ 为多少?

(3) 试画出 $x(t)$ 和 $y(t)$ 的波形。

解:(1) 依题意可画出如图 3.5 所示的系统函数方块图,则

$$\frac{Y(s)}{X(s)}=\frac{\frac{1}{2}\times\frac{0.5}{s}}{1+\frac{0.5}{s}\times\frac{1}{2}}=\frac{1}{4s+1}$$

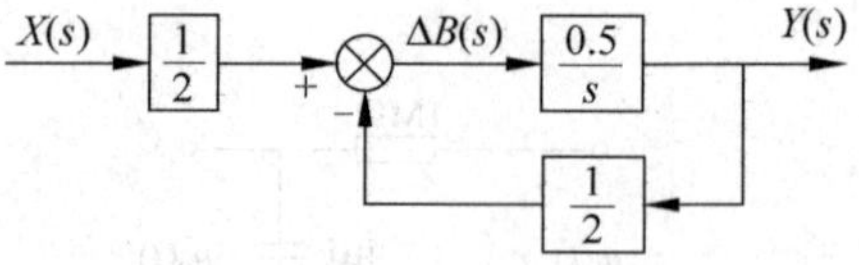

图 3.5

(2) 该一阶惯性环节的时间常数为

$$T = 4(\mathrm{s})$$

当 $x(t)=[0.5\cdot 1(t)+0.5\cdot 1(t-4)-1(t-40)](\mathrm{cm})$时，

$$y(0) = 0(\mathrm{cm})$$
$$y(4) \approx 0.5 \times 0.632 = 0.316(\mathrm{cm})$$
$$y(8) \approx 0.5 \times 0.865 + 0.5 \times 0.632 = 0.749(\mathrm{cm})$$
$$y(40) \approx 1(\mathrm{cm})$$
$$y(400) \approx 0(\mathrm{cm})$$
$$\Delta B(\infty) = 0(\mathrm{cm})$$

(3) $x(t)$和 $y(t)$的波形如图 3.6(a)、(b)所示。

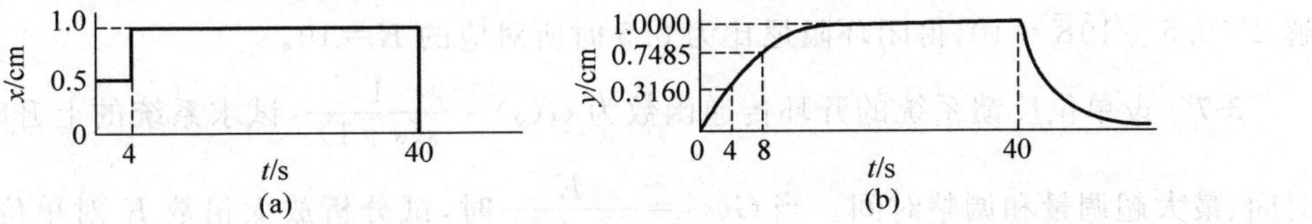

图 3.6

3-5 设单位反馈系统的开环传递函数为$G(s)=\dfrac{4}{s(s+5)}$,试求该系统的单位阶跃响应和单位脉冲响应。

解：系统闭环传递函数为

$$\frac{X_o(s)}{X_i(s)} = \frac{\dfrac{4}{s(s+5)}}{1+\dfrac{4}{s(s+5)}} = \frac{4}{s^2+5s+4} = \frac{4}{(s+1)(s+4)}$$

(1) 当 $x_i(t)=1(t)$时，$X_i(s)=\dfrac{1}{s}$

$$X_o(s)=\frac{X_o(s)}{X_i(s)}X_i(s)=\frac{4}{(s+1)(s+4)}\frac{1}{s}=\frac{1}{s}-\frac{\frac{4}{3}}{s+1}+\frac{\frac{1}{3}}{s+4}$$

则

$$x_o(t) = 1(t) - \frac{4}{3}\mathrm{e}^{-t}\cdot 1(t) + \frac{1}{3}\mathrm{e}^{-4t}\cdot 1(t)$$

(2) 当 $x_i(t)=\delta(t)$时，$X_i(s)=1$

$$X_o(s)= \frac{X_o(s)}{X_i(s)}X_i(s) = \frac{4}{(s+1)(s+4)}\times 1 = \frac{\frac{4}{3}}{s+1} - \frac{\frac{4}{3}}{s+4}$$

则

$$x_o(t)=\frac{4}{3}(e^{-t}-e^{-4t})\cdot 1(t)$$

3-6 试求图3.7所示系统的闭环传递函数，并求出闭环阻尼比为0.5时所对应的K值。

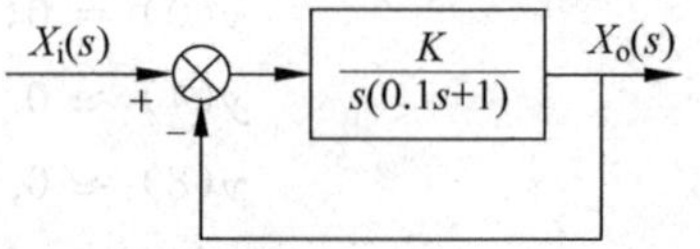

图 3.7

解：$\dfrac{X_o(s)}{X_i(s)}=\dfrac{\dfrac{K}{s(0.1s+1)}}{1+\dfrac{K}{s(0.1s+1)}}=\dfrac{10K}{s^2+10s+10K}$

则

$$\omega_n=\sqrt{10K}$$

$$2\zeta\omega_n=2\zeta\sqrt{10K}=10$$

解 $2\times 0.5\sqrt{10K}=10$，得闭环阻尼比为0.5时所对应的$K=10$。

3-7 设单位反馈系统的开环传递函数为$G(s)=\dfrac{1}{s(s+1)}$，试求系统的上升时间、峰值时间、最大超调量和调整时间。当$G(s)=\dfrac{K}{s(s+1)}$时，试分析放大倍数K对单位阶跃输入产生的输出动态过程特性的影响。

解：(1) $\dfrac{X_o(s)}{X_i(s)}=\dfrac{\dfrac{1}{s(s+1)}}{1+\dfrac{1}{s(s+1)}}=\dfrac{1^2}{s^2+2\times 0.5\times 1s+1^2}$

得

$$\omega_n=1(\text{rad/s})$$

则

$$\zeta=0.5$$

$$\omega_d=\omega_n\sqrt{1-\zeta^2}=1\sqrt{1-0.5^2}=\frac{\sqrt{3}}{2}(\text{rad/s})$$

$$\theta=\arccos\zeta=\arccos 0.5=\frac{\pi}{3}(\text{rad})$$

所以

$$t_r=\frac{\pi-\theta}{\omega_d}=\frac{\pi-\dfrac{\pi}{3}}{\dfrac{\sqrt{3}}{2}}\approx 2.418(\text{s})$$

$$t_p=\frac{\pi}{\omega_d}=\frac{\pi}{\dfrac{\sqrt{3}}{2}}\approx 3.628(\text{s})$$

$$M_p=e^{-\frac{\zeta\pi}{\sqrt{1-\zeta^2}}}=e^{-\frac{0.5\pi}{\sqrt{1-0.5^2}}}\approx 16.3\%$$

$$t_s \approx \frac{3}{\omega_n \zeta} = \frac{3}{1 \times 0.5} = 6(\mathrm{s}) \quad (\text{进入 } 5\% \text{ 误差带})$$

(2) $$\frac{X_o(s)}{X_i(s)} = \frac{\dfrac{K}{s(s+1)}}{1+\dfrac{K}{s(s+1)}} = \frac{(\sqrt{K})^2}{s^2 + 2 \times \dfrac{1}{2\sqrt{K}}\sqrt{K}\, s + (\sqrt{K})^2}$$

得

$$\omega_n = \sqrt{K}\,(\mathrm{rad/s})$$

$$\zeta = \frac{1}{2\sqrt{K}}$$

则

$$\omega_d = \omega_n \sqrt{1-\zeta^2} = \sqrt{K}\sqrt{1-\left(\frac{1}{2\sqrt{K}}\right)^2} = \frac{\sqrt{4K-1}}{2}\,(\mathrm{rad/s})$$

$$\theta = \arccos \zeta = \arccos\left(\frac{1}{2\sqrt{K}}\right)(\mathrm{rad})$$

则 （Ⅰ）当 $\zeta = \dfrac{1}{2\sqrt{K}} = 1$，即 $K = \dfrac{1}{4}$ 时，系统为临界阻尼，系统不产生振荡。

（Ⅱ）当 $\zeta = \dfrac{1}{2\sqrt{K}} > 1$，即 $K < \dfrac{1}{4}$ 时，系统为过阻尼，系统亦不产生振荡。

（Ⅲ）当 $\zeta = \dfrac{1}{2\sqrt{K}} = 0$，即 $K = \infty$ 时，系统为零阻尼，系统产生等幅振荡。

（Ⅳ）当 $0 < \zeta < 1$，即 $\dfrac{1}{4} < K < \infty$ 时，系统为欠阻尼，此时

$$t_r = \frac{\pi - \theta}{\omega_d} = \frac{\pi - \arccos\left(\dfrac{1}{2\sqrt{K}}\right)}{\dfrac{\sqrt{4K-1}}{2}}(\mathrm{s})$$

K 增大时，t_r 减小。

$$t_p = \frac{\pi}{\omega_d} = \frac{\pi}{\dfrac{\sqrt{4K-1}}{2}}(\mathrm{s})$$

K 增大时，t_p 减小。

$$M_p = e^{-\frac{\zeta\pi}{\sqrt{1-\zeta^2}}} = e^{-\frac{\frac{\pi}{2\sqrt{K}}}{\sqrt{1-\left(\frac{1}{2\sqrt{K}}\right)^2}}} = e^{-\frac{\pi}{\sqrt{4K-1}}}$$

K 增大时，M_p 也增大。

$$t_s = \frac{3}{\omega_n \zeta} = \frac{3}{\sqrt{K}\dfrac{1}{2\sqrt{K}}} = 6(\mathrm{s})$$

当 K 较大时,t_s 基本不受 K 变化的影响。

3-8 已知一系统由下述微分方程描述:

$$\frac{d^2y}{dt^2}+2\zeta\frac{dy}{dt}+y=x,\quad 0<\zeta<1$$

当 $x(t)=1(t)$ 时,试求最大超调量。

解:将微分方程两边取拉氏变换,得

$$s^2Y(s)+2\zeta sY(s)+Y(s)=X(s)$$

则

$$\frac{Y(s)}{X(s)}=\frac{1}{s^2+2\zeta s+1},\quad 0<\zeta<1$$

$$\frac{y(t)\mid_{\max}-y(\infty)}{y(\infty)}=M_p=e^{-\frac{\zeta\pi}{\sqrt{1-\zeta^2}}}$$

3-9 设一系统的传递函数为 $\dfrac{X_o(s)}{X_i(s)}=\dfrac{\omega_n^2}{s^2+2\zeta\omega_n s+\omega_n^2}$,为使系统对阶跃响应有5%的超调量和2 s的调整时间,试求 ζ 和 ω_n。

解:$\begin{cases} e^{-\frac{\zeta\pi}{\sqrt{1-\zeta^2}}}=\dfrac{5}{100} \\ \dfrac{3}{\zeta\omega_n}=2 \end{cases}$

解之,得

$$\zeta\approx 0.69,\quad \omega_n=2.2(\text{rad/s})$$

3-10 对于图3.8所示的系统,证明 $\dfrac{Y(s)}{X(s)}$ 在右半 s 平面上有零点。当 $x(t)$ 为单位阶跃时,求 $y(t)$。

解:$\dfrac{Y(s)}{X(s)}=\dfrac{6}{s+2}-\dfrac{4}{s+1}=\dfrac{2(s-1)}{(s+1)(s+2)}$

由上式可见,$s=1$ 是系统在右半 s 平面的零点。

当 $x(t)=1(t)$ 时

$$Y(s)=\frac{2(s-1)}{(s+1)(s+2)}\frac{1}{s}=\frac{4}{s+1}-\frac{3}{s+2}-\frac{1}{s}$$

则

$$y(t)=(4e^{-t}-3e^{-2t}-1)\cdot 1(t)$$

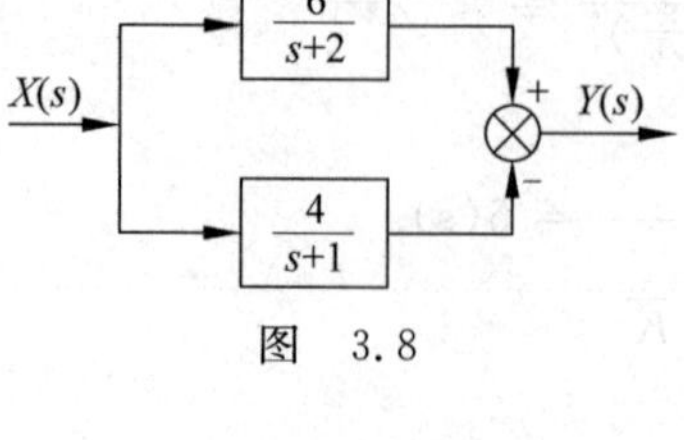

图 3.8

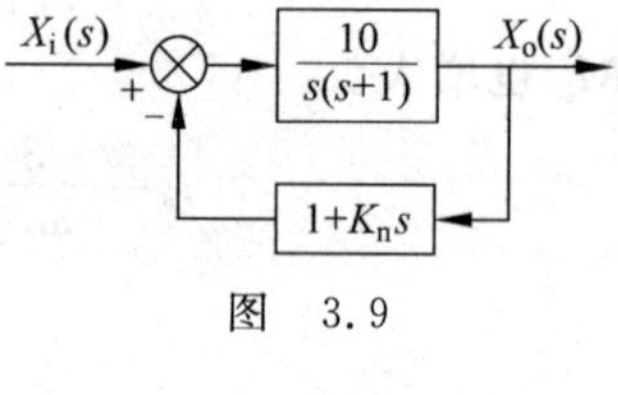

图 3.9

3-11 设一单位反馈系统的开环传递函数为 $G(s)=\dfrac{10}{s(s+1)}$，该系统的阻尼比为 0.157，无阻尼自振角频率为 3.16 rad/s，现将系统改变为如图 3.9 所示，使阻尼比为 0.5，试确定 K_n 值。

解：
$$\frac{X_o(s)}{X_i(s)}=\frac{\dfrac{10}{s(s+1)}}{1+\dfrac{10(1+K_n s)}{s(s+1)}}=\frac{10}{s^2+(1+10K_n)s+10}=\frac{3.16^2}{s^2+(1+10K_n)s+3.16^2}$$

依题意，有

$$1+10K_n=2\zeta\omega_n=2\times0.5\times3.16=3.16$$

解之，得 $K_n=0.216$，即为所求。

3-12 二阶系统在 s 平面中有一对复数共轭极点，试在 s 平面中画出与下列指标相应的极点可能分布的区域：

(1) $\zeta\geqslant0.707$， $\omega_n>2$ rad/s；

(2) $0\leqslant\zeta\leqslant0.707$， $\omega_n\leqslant2$ rad/s；

(3) $0\leqslant\zeta\leqslant0.5$， 2 rad/s $\leqslant\omega_n\leqslant$ 4 rad/s；

(4) $0.5\leqslant\zeta\leqslant0.707$， $\omega_n\leqslant2$ rad/s。

解：(1) 所求区域为图 3.10(a)中阴影部分。

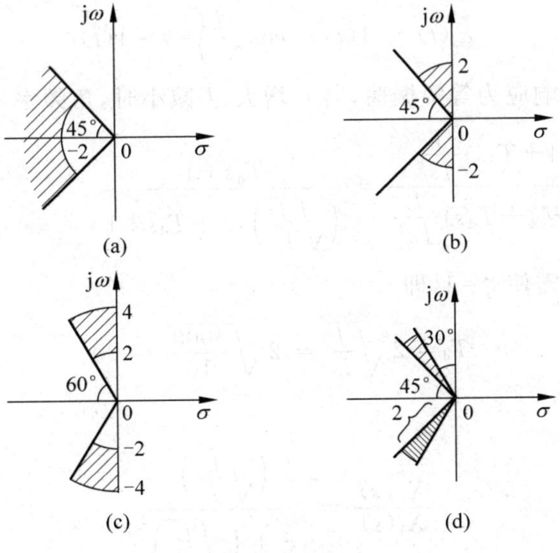

图 3.10

(2) 所求区域为图 3.10(b)中阴影部分。

(3) 所求区域为图 3.10(c)中阴影部分。

(4) 所求区域为图 3.10(d)中阴影部分。

3-13 设一系统如图 3.11(a)所示。

(1) 当控制器 $G_c(s)=1$ 时,求单位阶跃输入时系统的响应,设初始条件为零,讨论 L 和 J 对响应的影响。

(2) 设 $G_c(s)=1+T_d s, J=1000, L=10$,为使系统为临界阻尼,求 T_d 值。

(3) 现在要求得到一个没有过调的响应,输入函数形式如图 3.11(b)所示。设 $G_c(s)=1$,L 和 J 参数同前,求 K 和 t_1。

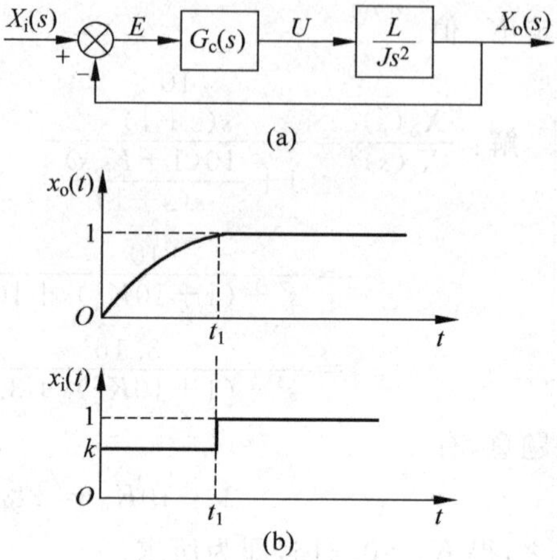

图 3.11

解:(1) $\dfrac{X_o(s)}{X_i(s)}=\dfrac{\dfrac{L}{Js^2}}{1+\dfrac{L}{Js^2}}=\dfrac{\dfrac{L}{J}}{s^2+\dfrac{L}{J}}$

则

$$X_o(s)=\frac{\dfrac{L}{J}}{s^2+\dfrac{L}{J}}\frac{1}{s}=\frac{1}{s}-\frac{s}{s^2+\left(\sqrt{\dfrac{L}{J}}\right)^2}$$

对上式进行拉氏反变换,得

$$x_o(t)=1(t)-\cos\sqrt{\frac{L}{J}}\ t\cdot 1(t)$$

由此可知,其单位阶跃响应为等幅振荡,当 L 增大、J 减小时,角频率 ω 增大。

(2) $\dfrac{X_o(s)}{X_i(s)}=\dfrac{(1+T_d s)\dfrac{L}{Js^2}}{1+(1+T_d s)\dfrac{L}{Js^2}}=\dfrac{T_d s+1}{\left(\sqrt{\dfrac{J}{L}}\right)^2 s^2+T_d s+1}$

为使系统为临界阻尼,需使 $\zeta=1$,即

$$T_d=2\sqrt{\frac{J}{L}}=2\sqrt{\frac{1000}{10}}=20$$

(3) 由(1)知

$$\frac{X_o(s)}{X_i(s)}=\frac{\left(\sqrt{\dfrac{L}{J}}\right)^2}{s^2+\left(\sqrt{\dfrac{L}{J}}\right)^2}$$

当 $x_i(t)=1(t)$时

$$x_o(t)=\left(1-\cos\sqrt{\frac{L}{J}}\ t\right)\cdot 1(t)$$

所以

$$t_1=\frac{\pi}{\omega_n\sqrt{1-\xi^2}}=\frac{\pi}{\sqrt{\frac{L}{J}}}=\frac{\pi}{\sqrt{\frac{10}{1000}}}=10\pi$$

另有

$$K\left(1-\cos\sqrt{\frac{L}{J}}\ t\right)+(1-K)\left[1-\cos\sqrt{\frac{L}{J}}(t-t_1)\right]=1$$

将 $t=t_1=10\pi, L=10, J=1000$ 代入上式，得

$$K\left[1-\cos\left(\sqrt{\frac{10}{1000}}\times 10\pi\right)\right]+(1-K)\left[1-\cos\left(\sqrt{\frac{10}{1000}}\times 0\right)\right]=1$$

解之，得

$$K=0.5$$

3-14 图 3.12 所示为宇宙飞船姿态控制系统方块图。假设系统中控制器的时间常数 $T=3$ s，力矩与惯量比 $\frac{K}{J}=\frac{2}{9}\text{rad/s}^2$，试求系统阻尼比。

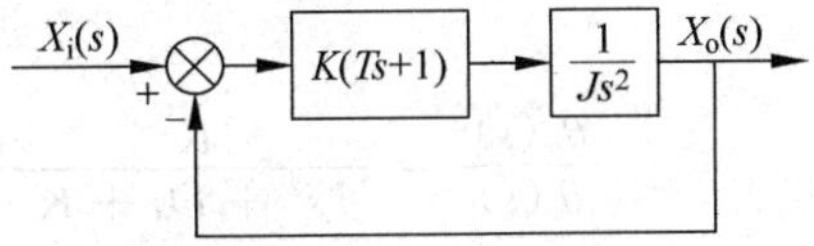

图 3.12

解：
$$\frac{X_o(s)}{X_i(s)}=\frac{K(Ts+1)\frac{1}{Js^2}}{1+K(Ts+1)\frac{1}{Js^2}}$$

$$=\frac{\frac{K}{J}(Ts+1)}{s^2+2\times\frac{T}{2}\sqrt{\frac{K}{J}}\sqrt{\frac{K}{J}}\ s+\left(\sqrt{\frac{K}{J}}\right)^2}$$

则

$$\zeta=\frac{T}{2}\sqrt{\frac{K}{J}}=\frac{3}{2}\sqrt{\frac{2}{9}}=\frac{\sqrt{2}}{2}\approx 0.707$$

3-15 设一伺服电动机的传递函数为 $\frac{\Omega(s)}{U(s)}=\frac{K}{Ts+1}$。假定电动机以恒定速度 ω_0 转动，当电动机的控制电压 u_0 突然降到 0 时，试求其速度响应方程式。

解：电动机的控制电压如图 3.13 所示。

$$\Omega_2(s)=\frac{K}{Ts+1}U_2(s)=\frac{K}{Ts+1}\ \frac{-U_0}{s}=\frac{KU_0}{s+\frac{1}{T}}-\frac{KU_0}{s}$$

则

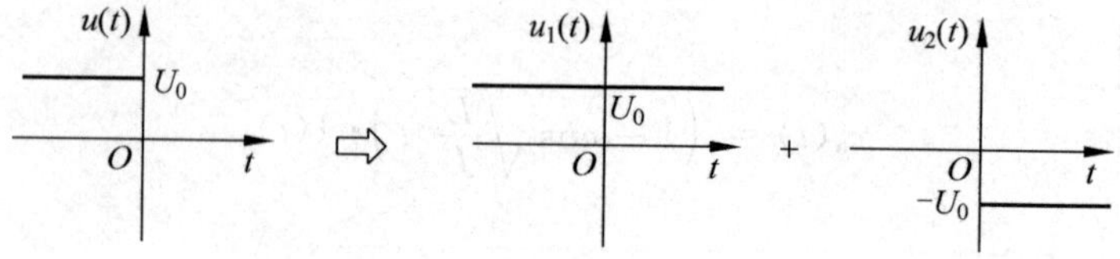

图 3.13

$$\omega_2(t) = KU_0(\mathrm{e}^{-\frac{t}{T}} - 1)\cdot 1(t)$$

又有

$$\omega_1(t) = \omega_0 = KU_0$$

所以

$$\omega(t) = \omega_1(t) + \omega_2(t) = \omega_0 \mathrm{e}^{-t/T}\cdot 1(t)$$

3-16 对于图 3.14 所示的系统,如果将阶跃输入 θ_i 作用于该系统,试确定表示角度位置 θ_o 的方程式。假设该系统为欠阻尼系统,初始状态为静止。

解:依题意,有

$$K[\theta_i(t) - \theta_o(t)] - D\dot{\theta}_o(t) = J\ddot{\theta}_o(t)$$

得

$$\frac{\theta_o(s)}{\theta_i(s)} = \frac{K}{Js^2 + Ds + K} = \frac{\left(\sqrt{\frac{K}{J}}\right)^2}{s^2 + 2\times\frac{D}{2}\sqrt{\frac{1}{KJ}}\sqrt{\frac{K}{J}}\,s + \left(\sqrt{\frac{K}{J}}\right)^2}$$

则

$$\omega_n = \sqrt{\frac{K}{J}},\quad \zeta = \frac{D}{2\sqrt{KJ}}$$

所以,当 $\theta_i(t) = a\cdot 1(t)$ 时

$$\begin{aligned}\theta_o(t) &= a\left[1 - \frac{\mathrm{e}^{-\zeta\omega_n t}}{\sqrt{1-\zeta^2}}\sin(\omega_n\sqrt{1-\zeta^2}\,t + \arccos\zeta)\right]\cdot 1(t)\\ &= a\left[1 - \frac{\mathrm{e}^{-\frac{D}{2J}t}}{\sqrt{1-\frac{D^2}{4KJ}}}\sin\left(\frac{\sqrt{4KJ-D^2}}{2J}\,t + \arccos\frac{D}{2\sqrt{KJ}}\right)\right]\cdot 1(t)\end{aligned}$$

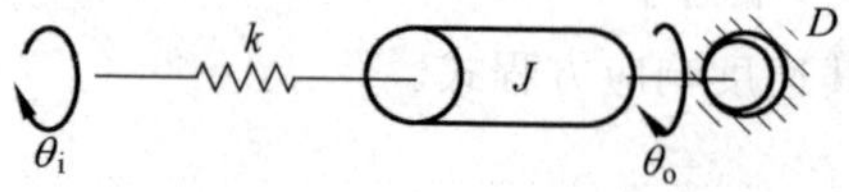

图 3.14

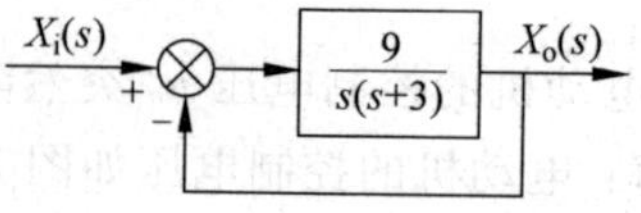

图 3.15

3-17 某系统如图 3.15 所示,试求单位阶跃响应的最大超调量 M_p、上升时间 t_r 和调整

时间 t_s。

解：
$$\frac{X_o(s)}{X_i(s)}=\frac{\frac{9}{s(s+3)}}{1+\frac{9}{s(s+3)}}=\frac{3^2}{s^2+2\times0.5\times3s+3^2}$$

则

$$\zeta=0.5$$
$$\omega_n=3(\text{rad/s})$$

所以

$$M_p=e^{-\frac{\zeta\pi}{\sqrt{1-\zeta^2}}}=e^{-\frac{0.5\pi}{\sqrt{1-0.5^2}}}\approx16.3\%$$
$$t_r=\frac{\pi-\arccos\zeta}{\omega_n\sqrt{1-\zeta^2}}=\frac{\pi-\arccos0.5}{3\sqrt{1-0.5^2}}=0.806(\text{s})$$
$$t_s=\frac{3}{\zeta\omega_n}=\frac{3}{0.5\times3}=2(\text{s})$$

3-18 单位反馈系统的开环传递函数为 $G(s)=\frac{K}{s(Ts+1)}$，其中，$K>0$，$T>0$。问放大器增益减少多少才能使系统单位阶跃响应的最大超调由 75%降到 25%？

解：
$$\frac{X_o(s)}{X_i(s)}=\frac{\frac{K}{s(Ts+1)}}{1+\frac{K}{s(Ts+1)}}=\frac{\left(\sqrt{\frac{K}{T}}\right)^2}{s^2+2\frac{1}{2\sqrt{KT}}\sqrt{\frac{K}{T}}\,s+\left(\sqrt{\frac{K}{T}}\right)^2}$$

则

$$\zeta=\frac{1}{2\sqrt{KT}}$$

所以

$$M_p=e^{-\frac{\zeta\pi}{\sqrt{1-\zeta^2}}}=e^{-\frac{\frac{\pi}{2\sqrt{KT}}}{\sqrt{1-\frac{1}{4KT}}}}=e^{-\frac{\pi}{\sqrt{4KT-1}}}$$

即

$$K=\frac{1+\frac{\pi^2}{(\ln M_p)^2}}{4T}$$

令

$$M_{p1}=75\%,\quad M_{p2}=25\%$$

则

$$K_1=\frac{1+\frac{\pi^2}{(\ln0.75)^2}}{4T}$$

$$K_2=\frac{1+\dfrac{\pi^2}{(\ln 0.25)^2}}{4T}$$

所以

$$\frac{K_1}{K_2}=\frac{1+\dfrac{\pi^2}{(\ln 0.75)^2}}{1+\dfrac{\pi^2}{(\ln 0.25)^2}}=19.6$$

3-19 单位阶跃输入情况下测得某伺服机构的响应为 $x_o(t)=1+0.2e^{-60t}-1.2e^{-10t}$，试求：

(1) 系统的闭环传递函数；

(2) 系统的无阻尼自振角频率及阻尼比。

解：(1) $x_o(t)=(1+0.2e^{-60t}-1.2e^{-10t})\cdot 1(t)$

则

$$X_o(s)=\frac{1}{s}+\frac{0.2}{s+60}-\frac{1.2}{s+10}=\frac{600}{s(s+60)(s+10)}$$

又已知

$$x_i(t)=1(t)$$

则

$$X_i(s)=\frac{1}{s}$$

所以

$$\frac{X_o(s)}{X_i(s)}=\frac{600}{s(s+60)(s+10)}\bigg/\frac{1}{s}=\frac{600}{(s+60)(s+10)}$$

(2) $$\frac{X_o(s)}{X_i(s)}=\frac{600}{(s+60)(s+10)}=\frac{(10\sqrt{6})^2}{s^2+2\times\dfrac{7\sqrt{6}}{12}\times 10\sqrt{6}\,s+(10\sqrt{6})^2}$$

所以

$$\omega_n=10\sqrt{6}(\text{rad/s})$$

$$\zeta=\frac{7\sqrt{6}}{12}$$

3-20 某单位反馈系统的开环传递函数为 $G(s)=\dfrac{K}{s(s+10)}$，当阻尼比为0.5时，求 K 值，并求单位阶跃输入时该系统的调整时间、最大超调量和峰值时间。

解：$$\frac{X_o(s)}{X_i(s)}=\frac{\dfrac{K}{s(s+10)}}{1+\dfrac{K}{s(s+10)}}=\frac{(\sqrt{K})^2}{s^2+2\dfrac{5}{\sqrt{K}}\sqrt{K}\,s+(\sqrt{K})^2}$$

由

$$\zeta = \frac{5}{\sqrt{K}} = 0.5$$

得

$$K = 100$$

则

$$\omega_n = \sqrt{K} = 10(\text{rad/s})$$

$$t_s \approx \frac{3}{\zeta\omega_n} = \frac{3}{0.5 \times 10} = 0.6(\text{s})$$

$$M_p = e^{-\frac{\zeta\pi}{\sqrt{1-\zeta^2}}} = e^{-\frac{0.5\pi}{\sqrt{1-0.5^2}}} = 16.3\%$$

$$t_p = \frac{\pi}{\omega_n\sqrt{1-\zeta^2}} = \frac{\pi}{10\sqrt{1-0.5^2}} = 0.363(\text{s})$$

3-21 某石英挠性摆式加速度计的摆片参数如下：摆性 $mL=0.58\ \text{g}\cdot\text{cm}$，转动惯量 $J=0.52\ \text{g}\cdot\text{cm}^2$，弹性刚度 $K=0.04\ \text{N}\cdot\text{cm/rad}$。

(1) 当摆片放入表头时，阻尼系数 $D=0.015\ \text{N}\cdot\text{cm}\cdot\text{s/rad}$，试求摆片转角对加速度输入的传递函数，并求出阻尼比。

(2) 如果将摆片从表头取出，阻尼系数 $D=0.0015\ \text{N}\cdot\text{cm}\cdot\text{s/rad}$，此时阻尼比为多少？无阻尼自振角频率是否改变？

解：依题意，有

$$mLA(t) - D\dot{\alpha}(t) - K\alpha(t) = J\ddot{\alpha}(t)$$

两边取拉氏变换，得

$$mLA(s) = Js^2\alpha(s) + Ds\alpha(s) + K\alpha(s)$$

(1) $$\frac{\alpha(s)}{A(s)} = \frac{mL}{Js^2+Ds+K} = \frac{\frac{mL}{K}\left(\sqrt{\frac{K}{J}}\right)^2}{s^2+2\frac{D_1}{2\sqrt{KJ}}\sqrt{\frac{K}{J}}s+\left(\sqrt{\frac{K}{J}}\right)^2}$$

$$= \frac{\frac{0.58}{4000}\left(\sqrt{\frac{4000}{0.52}}\right)^2}{s^2+2\frac{1500}{2\sqrt{4000\times0.52}}\sqrt{\frac{4000}{0.52}}s+\left(\sqrt{\frac{4000}{0.52}}\right)^2}$$

$$\approx \frac{14.5\times87.7^2}{s^2+2\times16.4\times87.7s+87.7^2}$$

$$\zeta_1 = \frac{D_1}{2\sqrt{KJ}} = \frac{1500}{2\sqrt{4000\times0.52}} = 16.4$$

(2) $$\zeta_2 = \frac{D_2}{2\sqrt{KJ}} = \frac{150}{2\sqrt{4000\times0.52}} = 1.64$$

因为 K,J 不变,所以无阻尼自振角频率 $\omega_n=\sqrt{\dfrac{K}{J}}$ 并不随着 f 的改变而改变。

3-22 试比较如图3.16(a)、(b)所示系统的单位阶跃响应。

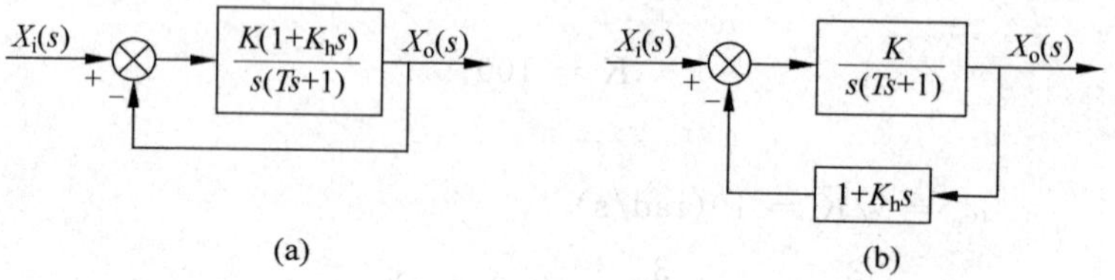

图 3.16

解:对于图(a)所示系统

$$\frac{X_{o1}(s)}{X_i(s)}=\frac{\dfrac{K(1+K_hs)}{s(Ts+1)}}{1+\dfrac{K(1+K_hs)}{s(Ts+1)}}=\frac{KK_hs+K}{Ts^2+(1+KK_h)s+K}$$

$$X_{o1}(s)=\frac{KK_hs+K}{Ts^2+(1+KK_h)s+K}X_i(s)$$

$$=\frac{KK_h}{Ts^2+(1+KK_h)s+K}sX_i(s)+\frac{K}{Ts^2+(1+KK_h)s+K}X_i(s)$$

对于图(b)所示系统

$$\frac{X_{o2}(s)}{X_i(s)}=\frac{\dfrac{K}{s(Ts+1)}}{1+\dfrac{K(1+K_hs)}{s(Ts+1)}}=\frac{K}{Ts^2+(1+KK_h)s+K}$$

$$X_{o2}(s)=\frac{K}{Ts^2+(1+KK_h)s+K}X_i(s)$$

可见,两系统的单位阶跃响应是不同的,图(a)所示系统的响应相当于在图(b)所示系统的单位阶跃响应上再叠加对于闭环传递函数为 $\dfrac{KK_h}{Ts^2+(1+KK_h)s+K}$ 系统的一个单位脉冲响应。

3-23 试分析图3.17(a)~(e)所示各系统是否稳定。输入撤除后这些系统是衰减还是发散?是否振荡?

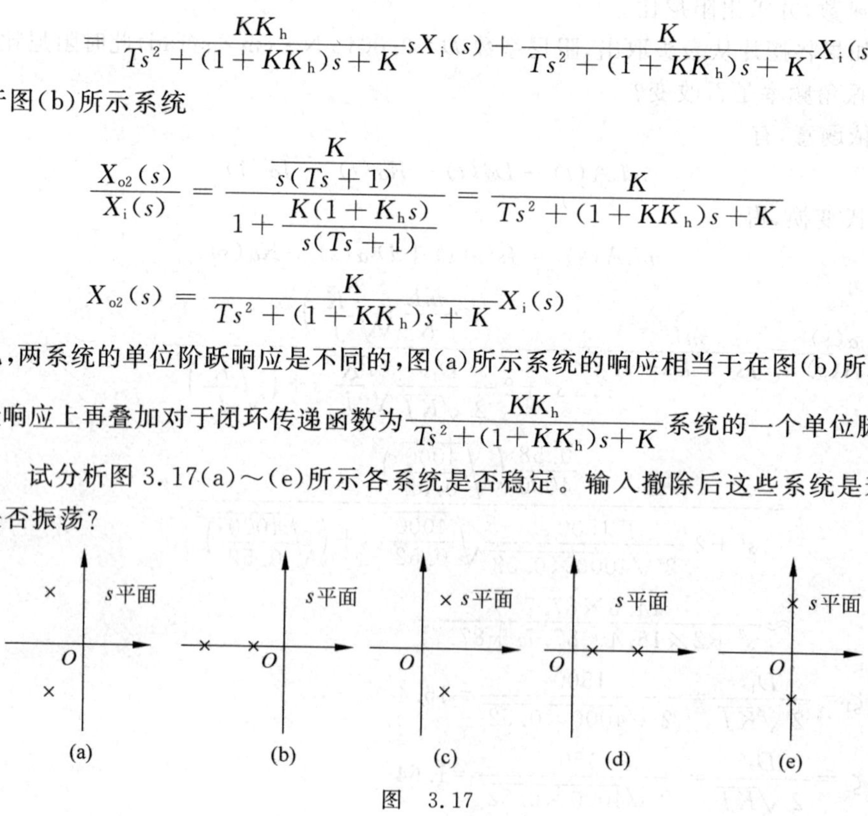

图 3.17

解：图(a)所示系统特征根在左半 s 平面，因此系统是稳定的，其阻尼比 $0<\zeta<1$，输入撤除后系统为衰减振荡。

图(b)所示系统特征根在左半 s 平面，因此系统是稳定的，其阻尼比 $\zeta>1$，输入撤除后系统单调衰减。

图(c)所示系统特征根为右半 s 平面的一对共轭复根，故系统不稳定，当输入撤除后系统振荡发散。

图(d)所示系统特征根为右半 s 平面的两个实根，故系统不稳定，输入撤除后系统单调发散。

图(e)所示系统特征根为虚轴上的一对共轭根，其阻尼比 $\zeta=0$，系统临界稳定，输入撤除后系统等幅振荡。

3-24 某高阶系统，闭环极点如图 3.18 所示，没有零点。请估计其阶跃响应。

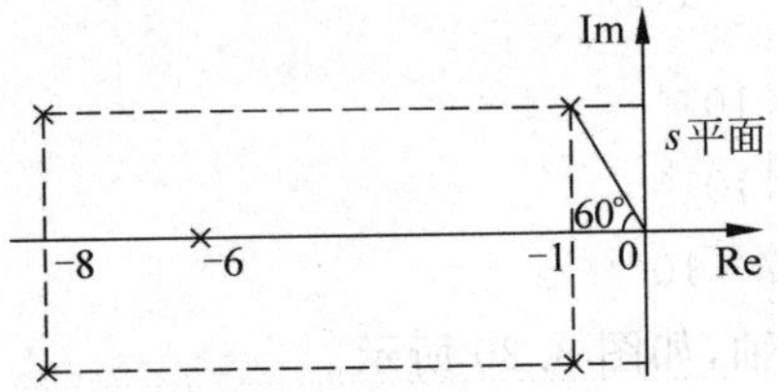

图 3.18

解：由图 3.18，得

$$\frac{X_o(s)}{X_i(s)}=\frac{K}{(s+6)[s+(1+j\sqrt{3})][s+(1-j\sqrt{3})][s+(8+j\sqrt{3})][s+(8-j\sqrt{3})]}$$

$$\approx\frac{K/402}{[s+(1+j\sqrt{3})][s+(1-j\sqrt{3})]}=\frac{K/402}{(s+1)^2+(\sqrt{3})^2}$$

$$X_o(s)=\frac{X_o(s)}{X_i(s)}X_i(s)\approx\frac{K/402}{(s+1)^2+(\sqrt{3})^2}\frac{a}{s}$$

$$=\frac{\frac{(K/402)a}{4}}{s}-\frac{\frac{(K/402)a}{4}\left(s+1+\frac{\sqrt{3}}{3}\sqrt{3}\right)}{(s+1)^2+(\sqrt{3})^2}$$

$$x_o(t)\approx\frac{(K/402)a}{4}\left[1-e^{-t}\left(\cos\sqrt{3}t+\frac{\sqrt{3}}{3}\sin\sqrt{3}t\right)\right]\cdot 1(t)$$

3-25 两系统的传递函数分别为 $G_1(s)=\frac{2}{2s+1}$ 和 $G_2(s)=\frac{1}{s+1}$，当输入信号为 $1(t)$ 时，试说明其输出到达各自稳态值的 63.2%的先后。

解：$T_1=2(\mathrm{s})$

$T_2=1(\mathrm{s})$

所以系统 $G_2(s)$先到达稳态值的 63.2%。

3-26 对于图3.19所示的系统,当 $x_i(t)=5[1(t)-1(t-\tau)]$ 时,分别求出 $\tau=0.01\text{s}$、30s,$t=3\text{s}$、9s、30s 时的 $x_o(t)$ 值,并画出 $x_o(t)$ 的波形。

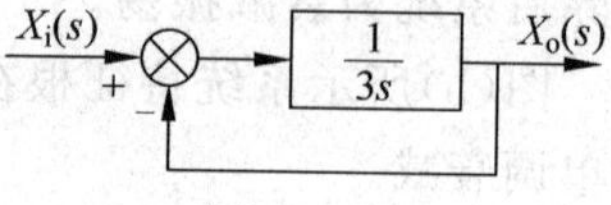

图 3.19

解:
$$\frac{X_o(s)}{X_i(s)}=\frac{\frac{1}{3s}}{1+\frac{1}{3s}}=\frac{1}{3s+1}$$

(1) 当 $\tau=0.01\ \text{s}$ 时

$$x_i(t)=5[1(t)-1(t-\tau)]=5[1(t)-1(t-0.01)]\approx 0.05\delta(t)$$

$$X_o(s)=\frac{X_o(s)}{X_i(s)}X_i(s)\approx\frac{1}{3s+1}0.05=\frac{\frac{1}{60}}{s+\frac{1}{3}}$$

$$x_o(t)\approx\frac{1}{60}\mathrm{e}^{-\frac{1}{3}t}\cdot 1(t)$$

$t=3\ \text{s}$ 时,$x_o(3)\approx 6.13\times 10^{-3}$

$t=9\ \text{s}$ 时,$x_o(9)\approx 8.30\times 10^{-4}$

$t=30\ \text{s}$ 时,$x_o(30)\approx 7.57\times 10^{-7}$

$x_o(t)$ 的波形几乎贴着横轴,如图3.20所示。

(2) 当 $\tau=30\ \text{s}$ 时

$$x_i(t)=5[1(t)-1(t-\tau)]=5[1(t)-1(t-30)]$$

$t=3\ \text{s}$ 时,$x_o(3)\approx 5\times 0.632=3.16$

$t=9\ \text{s}$ 时,$x_o(9)\approx 5\times 0.95=4.75$

$t=30\ \text{s}$ 时,$x_o(30)\approx 5$

$x_o(t)$ 的波形如图3.21所示。

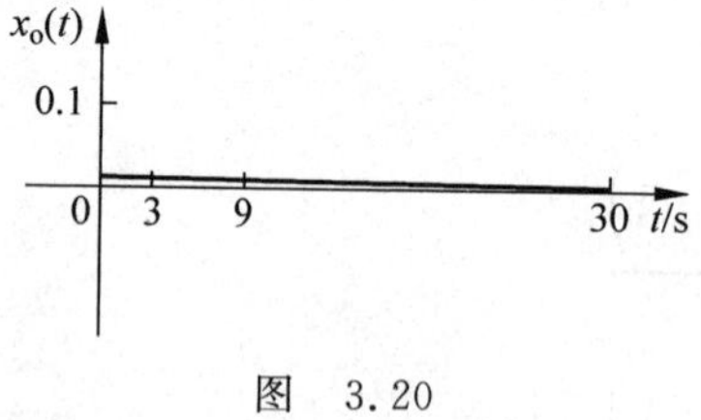

图 3.20

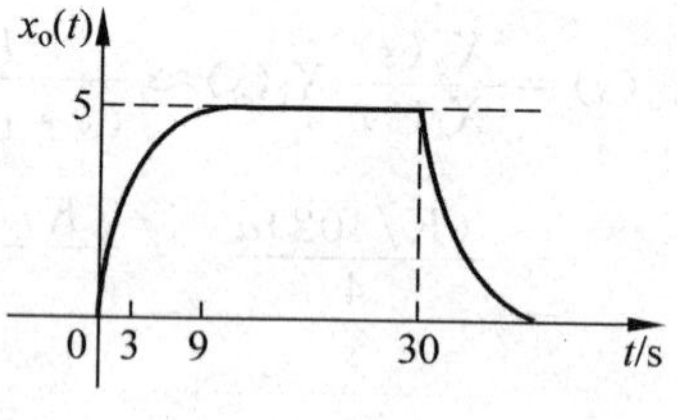

图 3.21

3-27 某系统的微分方程为 $3\dot{x}_o(t)+x_o(t)=15x_i(t)$。试求:

(1) 系统单位脉冲过渡函数 $g(t_1)=0.3$ 时的 t_1 值;

(2) 系统在单位阶跃函数作用下 $x_o(t_2)=15$ 时的 t_2 值。

解:已知 $3\dot{x}_o(t)+x_o(t)=15x_i(t)$

则

$$\frac{X_o(s)}{X_i(s)}=\frac{15}{3s+1}$$

(1) $x_i(t)=\delta(t)$

$$X_i(s)=1$$

$$X_o(s)=\frac{15}{3s+1}$$

则

$$x_o(t)=5e^{-\frac{1}{3}t}\cdot 1(t)$$

解

$$x_o(t_1)=5e^{-\frac{1}{3}t_1}=0.3$$

得

$$t_1=8.44(\text{s})$$

(2) $x_i(t)=1(t)$

$$X_i(s)=\frac{1}{s}$$

$$X_o(s)=\frac{15}{3s+1}\frac{1}{s}=\frac{15}{s}-\frac{45}{3s+1}$$

则

$$x_o(t)=(15-15e^{-\frac{1}{3}t})\cdot 1(t)$$

解

$$x_o(t_2)=(15-15e^{-\frac{1}{3}t_2})=15$$

得

$$t_2=\infty$$

3-28 某位置随动系统的输出为 $X_o(s)=\dfrac{2s+3}{3s^2+7s+1}$，试求系统的初始位置。

解：$X_o(0)=\lim\limits_{s\to\infty}sX_o(s)=\lim\limits_{s\to\infty}\left(s\dfrac{2s+3}{3s^2+7s+1}\right)=\dfrac{2}{3}$

3-29 图 3.22 所示为仿型机床位置随动系统方块图。试求该系统的阻尼比、无阻尼自振角频率、超调量、峰值时间及过渡过程时间。

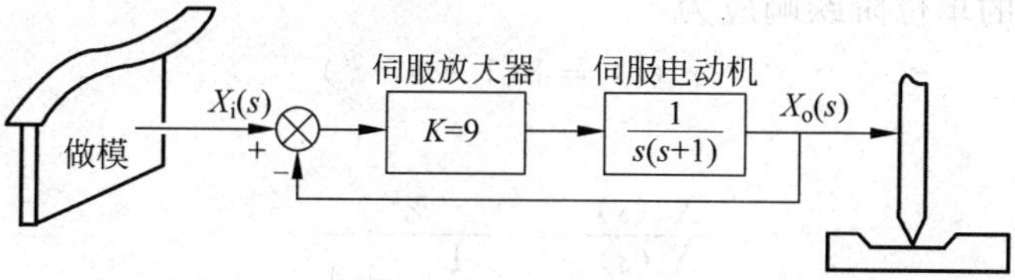

图 3.22

解：$$\frac{X_o(s)}{X_i(s)}=\frac{9\dfrac{1}{s(s+1)}}{1+9\dfrac{1}{s(s+1)}}=\frac{3^2}{s^2+2\times\dfrac{1}{6}\times 3s+3^2}$$

所以

$$\zeta=\frac{1}{6}$$

$$\omega_n=3(\text{rad/s})$$

$$M_p=e^{-\frac{\zeta\pi}{\sqrt{1-\zeta^2}}}=e^{-\frac{\frac{1}{6}\pi}{\sqrt{1-\left(\frac{1}{6}\right)^2}}}\approx 58.8\%$$

$$t_p=\frac{\pi}{\omega_n\sqrt{1-\zeta^2}}=\frac{\pi}{3\sqrt{1-\left(\dfrac{1}{6}\right)^2}}\approx 1.06(\text{s})$$

$$t_s=\frac{3}{\zeta\omega_n}=\frac{3}{\dfrac{1}{6}\times 3}=6(\text{s})$$

3-30 设各系统的单位脉冲响应函数如下，试求这些系统的传递函数。

(1) $g(t)=0.35e^{-2.5t}$；　　(2) $g(t)=a\sin\omega t+b\cos\omega t$；

(3) $g(t)=0.5t+5\sin\left(3t+\dfrac{\pi}{3}\right)$；　　(4) $g(t)=0.2(e^{-0.4t}-e^{-0.1t})$。

解：(1) $G(s)=\dfrac{0.35}{s+2.5}=\dfrac{0.14}{0.4s+1}$

(2) $G(s)=\dfrac{a\omega}{s^2+\omega^2}+\dfrac{bs}{s^2+\omega^2}=\dfrac{a\omega\left(\dfrac{b}{a\omega}s+1\right)}{s^2+\omega^2}$

(3) $G(s)=\dfrac{0.5}{s^2}+\dfrac{7.5}{s^2+9}+\dfrac{2.5\sqrt{3}s}{s^2+9}=\dfrac{0.5}{s^2}+\dfrac{7.5\left(\dfrac{\sqrt{3}}{3}s+1\right)}{s^2+9}$

(4) $G(s)=\dfrac{0.2}{s+0.4}-\dfrac{0.2}{s+0.1}=\dfrac{-1.5}{(2.5s+1)(10s+1)}$

3-31 设系统的单位阶跃响应为 $x_o(t)=8(1-e^{-0.3t})$，求系统的过渡过程时间。

解：已知系统的单位阶跃响应为

$$x_o(t)=8(1-e^{-0.3t})$$

则

$$\frac{X_o(s)}{X_i(s)}=\frac{8}{\dfrac{1}{0.3}s+1}$$

所以

$$t_s = 3T = 3 \times \frac{1}{0.3} = 10(\text{s})$$

3-32 试求下列系统的脉冲响应函数，$G(s)$为系统传递函数。

(1) $G(s)=\dfrac{s+3}{s^2+3s+2}$；　　(2) $G(s)=\dfrac{s^2+3s+5}{(s+1)^2(s+2)}$。

解：(1) $G(s)=\dfrac{s+3}{s^2+3s+2}=\dfrac{2}{s+1}-\dfrac{1}{s+2}$

$$g(t)=(2e^{-t}-e^{-2t})\cdot 1(t)$$

(2) $G(s)=\dfrac{s^2+3s+5}{(s+1)^2(s+2)}=\dfrac{3}{(s+1)^2}-\dfrac{2}{s+1}+\dfrac{3}{s+2}$

$$g(t)=(3te^{-t}-2e^{-t}+3e^{-2t})\cdot 1(t)$$

3-33 一电路如图 3.23 所示，当输入电压 $u_i(t)=\begin{cases}0\ \text{V}, & t<0\\ 5\ \text{V}, & 0<t<0.1\ \text{s}\\ 0\ \text{V}, & t>0.1\ \text{s}\end{cases}$ 时，试求 $u_o(t)$ 的响应函数。

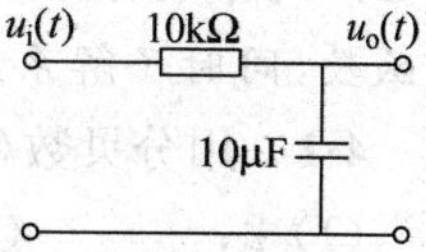

图 3.23

解：$u_i(t)=[5\cdot 1(t)-5\cdot 1(t-0.1)](\text{V})$

则

$$U_i(s) = \frac{5}{s}-\frac{5}{s}e^{-0.1s}$$

$$\frac{U_o(s)}{U_i(s)} = \frac{1}{RCs+1} = \frac{1}{0.1s+1}$$

$$U_o(s) = \frac{U_o(s)}{U_i(s)}U_i(s) = \frac{1}{0.1s+1}\left(\frac{5}{s}-\frac{5}{s}e^{-0.1s}\right)$$

$$= \left(\frac{5}{s}-\frac{5}{s+10}\right)-\left(\frac{5}{s}-\frac{5}{s+10}\right)e^{-0.1s}$$

所以

$$u_o(t) = (5-5e^{-10t})\cdot 1(t)-[5-5e^{-10(t-0.1)}]\cdot 1(t-0.1)(\text{V})$$

4 控制系统的频率特性

本章要求掌握频率特性的概念、频率特性与传递函数的关系、频率特性的表示方法、频率特性与时间响应之间的关系、各基本环节及系统的极坐标图和伯德图的画法、闭环频率特性及相应的性能指标，为在频域分析系统的稳定性以及进行综合校正打下基础。要求能够由已知的系统传递函数画出乃氏图和伯德图，也能够根据系统频率特性曲线求出系统的传递函数，同时了解系统的动刚度与动柔度的概念。

4-1 用分贝数(dB)表达下列各量。

(1) 2；　(2) 5；　(3) 10；　(4) 40；

(5) 100；　(6) 0.01；　(7) 1；　(8) 0。

解：(1) $20\lg 2=6.02\text{dB}$

(2) $20\lg 5=13.98\text{dB}$

(3) $20\lg 10=20\text{dB}$

(4) $20\lg 40=32.04\text{dB}$

(5) $20\lg 100=40\text{dB}$

(6) $20\lg 0.01=-40\text{dB}$

(7) $20\lg 1=0\text{dB}$

(8) $20\lg 0=-\infty\text{dB}$

4-2 当频率 $\omega_1=2\text{rad/s}$ 和 $\omega_2=20\text{rad/s}$ 时，试确定下列传递函数的幅值和相角：

(1) $G_1(s)=\dfrac{10}{s}$；　(2) $G_2(s)=\dfrac{1}{s(0.1s+1)}$。

解：(1) $G_1(\mathrm{j}\omega)=\dfrac{10}{\mathrm{j}\omega}$

$$|G_1(\mathrm{j}\omega)|=\frac{10}{\omega}$$

$$\angle G_1(\mathrm{j}\omega)=-90^\circ$$

所以

$$G_1(\mathrm{j}2)=5\angle -90^\circ$$

$$G_1(\mathrm{j}20)=0.5\angle -90^\circ$$

(2) $G_2(\mathrm{j}\omega)=\dfrac{1}{\mathrm{j}\omega(0.1\mathrm{j}\omega+1)}$

$$|G_2(\mathrm{j}\omega)|=\frac{1}{\omega\sqrt{(0.1\omega)^2+1}}$$

$$\angle G_2(\mathrm{j}\omega)=-90^\circ-\arctan(0.1\omega)$$

所以

$$|G_2(\mathrm{j}2)|=\frac{1}{2\sqrt{(0.1\times 2)^2+1}}\approx 0.49$$

$$\angle G_2(\mathrm{j}2)=-90^\circ-\arctan(0.1\times 2)\approx -101.3^\circ$$

$$|G_2(\mathrm{j}20)|=\frac{1}{20\sqrt{(0.1\times 20)^2+1}}\approx 0.022$$

$$\angle G_2(\mathrm{j}20)=-90^\circ-\arctan(0.1\times 20)\approx -153.4^\circ$$

4-3 试求下列函数的幅频特性 $A(\omega)$、相频特性 $\phi(\omega)$、实频特性 $U(\omega)$ 和虚频特性 $V(\omega)$：

(1) $G_1(\mathrm{j}\omega)=\dfrac{5}{30\mathrm{j}\omega+1}$；(2) $G_2(\mathrm{j}\omega)=\dfrac{1}{\mathrm{j}\omega(0.1\mathrm{j}\omega+1)}$。

解：(1) $G_1(\mathrm{j}\omega)=\dfrac{5-\mathrm{j}150\omega}{900\omega^2+1}$

$$U_1(\omega)=\frac{5}{900\omega^2+1},\quad V_1(\omega)=\frac{-150\omega}{900\omega^2+1},$$

$$A_1(\omega)=\frac{5}{\sqrt{900\omega^2+1}},\quad \phi_1(\omega)=-\arctan(30\omega)$$

(2) $G_2(\mathrm{j}\omega)=\dfrac{-0.1\omega-\mathrm{j}}{\omega(0.01\omega^2+1)}$

$$U_2(\omega)=\frac{-0.1}{0.01\omega^2+1},\quad V_2(\omega)=\frac{-1}{\omega(0.01\omega^2+1)},$$

$$A_2(\omega)=\frac{1}{\omega\sqrt{0.01\omega^2+1}},\quad \phi_2(\omega)=-90^\circ-\arctan(0.1\omega)$$

4-4 某系统传递函数 $G(s)=\dfrac{5}{0.25s+1}$，当输入为 $5\cos(4t-30^\circ)$ 时，试求系统的稳态输出。

解：$G(\mathrm{j}\omega)=\dfrac{5}{0.25\mathrm{j}\omega+1}$

$$A(\omega)=\frac{5}{\sqrt{(0.25\omega)^2+1}}$$

$$\phi(\omega)=-\arctan(0.25\omega)$$

又有

$$x_i(t)=5\cos(4t-30^\circ)$$

则

$$5A(4)=5\frac{5}{\sqrt{(0.25\times 4)^2+1}}=\frac{25}{2}\sqrt{2}$$

$$\phi(4)-30^\circ=-\arctan(0.25\times 4)-30^\circ=-75^\circ$$

所以

$$x_o(t)=\frac{25\sqrt{2}}{2}\cos(4t-75^\circ)$$

4-5 某单位反馈的二阶Ⅰ型系统,其最大超调量为16.3%,峰值时间为114.6ms。试求其开环传递函数,并求出闭环谐振峰值 M_r 和谐振频率 ω_r。

解:依题意,设系统开环传递函数为

$$G(s)=\frac{K}{s(Ts+1)}$$

则

$$\frac{X_o(s)}{X_i(s)}=\frac{\dfrac{K}{s(Ts+1)}}{1+\dfrac{K}{s(Ts+1)}}=\frac{\left(\sqrt{\dfrac{K}{T}}\right)^2}{s^2+2\dfrac{1}{2\sqrt{KT}}\sqrt{\dfrac{K}{T}}s+\left(\sqrt{\dfrac{K}{T}}\right)^2}$$

解

$$\begin{cases}\omega_n=\sqrt{\dfrac{K}{T}}\\ \zeta=\dfrac{1}{2\sqrt{KT}}\\ M_p=e^{-\frac{\zeta\pi}{\sqrt{1-\zeta^2}}}=\dfrac{16.3}{100}\\ t_p=\dfrac{\pi}{\omega_n\sqrt{1-\zeta^2}}=0.1146\end{cases}$$

得

$$\begin{cases}\omega_n=31.65\ (\text{rad/s})\\ \zeta=0.5\\ K=31.65\\ T=0.0316\end{cases}$$

$$G(s)H(s)=\frac{31.65}{s(0.0316s+1)},\quad M_r=1.15,\quad \omega_r=22.38\ \text{rad/s}$$

4-6 图 4.1(a)～(e)均是最小相位系统的开环对数幅频特性曲线，试写出其开环传递函数。

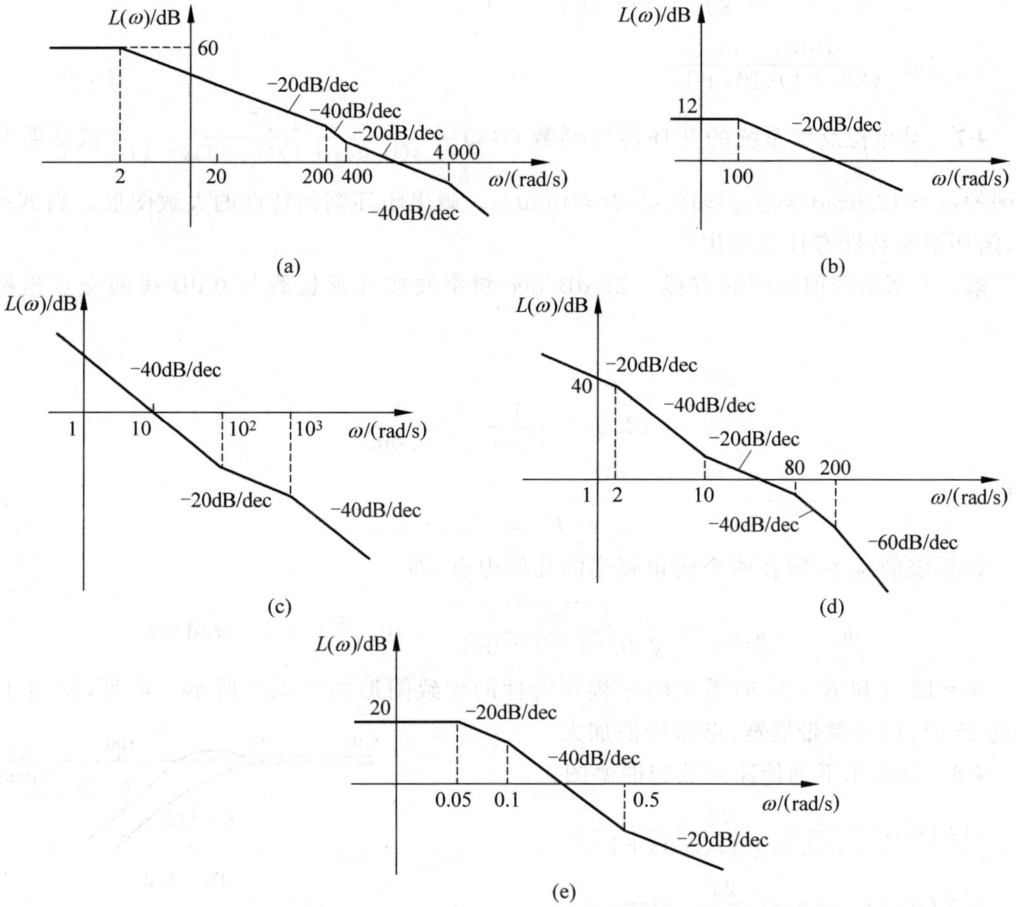

图 4.1

解：(a) $\dfrac{1000\left(\dfrac{1}{400}s+1\right)}{\left(\dfrac{1}{2}s+1\right)\left(\dfrac{1}{200}s+1\right)\left(\dfrac{1}{4000}s+1\right)}$

(b) $\dfrac{3.98}{\dfrac{1}{100}s+1}$

(c) $\dfrac{100\left(\dfrac{1}{100}s+1\right)}{s^2\left(\dfrac{1}{1000}s+1\right)}$

(d) $\dfrac{100\left(\frac{1}{10}s+1\right)}{s\left(\frac{1}{2}s+1\right)\left(\frac{1}{80}s+1\right)\left(\frac{1}{200}s+1\right)}$

(e) $\dfrac{10(2s+1)}{(20s+1)(10s+1)}$

4-7 某单位反馈系统的开环传递函数 $G(s)=\dfrac{12.5}{s(0.04s+1)(0.005s+1)}$，试证明其伯德图的 $\omega_c\approx12.5\text{rad/s}$，$\omega_{-\pi}\approx10\sqrt{50}\approx70\text{rad/s}$。画出闭环幅频特性的大致图形。当 $K=25$ 时，闭环幅频特性有什么变化?

解：Ⅰ型系统伯德图的首段 −20 dB/dec 斜率线或其延长线与 0 dB 线的交点坐标为 $\omega=K_v$。

因为

$$12.5<\frac{1}{0.04}<\frac{1}{0.005}$$

所以

$$\omega_c=K_v=12.5\text{rad/s}$$

该系统的 ω_π 一定在两个转角频率的几何中点，即

$$\omega_\pi=\sqrt{\omega_1\omega_2}=\sqrt{\frac{1}{0.04}\times\frac{1}{0.005}}=10\sqrt{50}\approx70\ (\text{rad/s})$$

$K=12.5$ 和 $K=25$ 时系统闭环幅频特性的大致图形如图 4.2 所示。可见，K 由 12.5 变到 25 时，闭环频带展宽，谐振峰值加大。

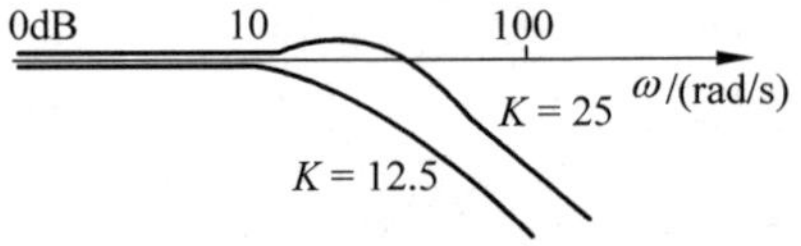

图 4.2

4-8 试画出下列传递函数的伯德图：

(1) $G(s)=\dfrac{20}{s(0.5s+1)(0.1s+1)}$；

(2) $G(s)=\dfrac{2s^2}{(0.4s+1)(0.04s+1)}$；

(3) $G(s)=\dfrac{50(0.6s+1)}{s^2(4s+1)}$；

(4) $G(s)=\dfrac{7.5(0.2s+1)(s+1)}{s(s^2+16s+100)}$。

解：(1) $G(s)=\dfrac{20}{s(0.5s+1)(0.1s+1)}=\dfrac{20}{s\left(\frac{1}{2}s+1\right)\left(\frac{1}{10}s+1\right)}$

其伯德图如图 4.3 所示。

(2) $G(s)=\dfrac{2s^2}{(0.4s+1)(0.04s+1)}=\dfrac{2s^2}{\left(\frac{1}{2.5}s+1\right)\left(\frac{1}{25}s+1\right)}$

其伯德图如图 4.4 所示。

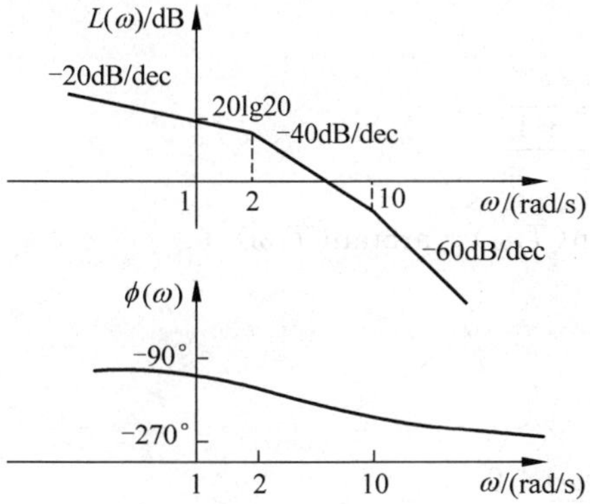

图 4.3

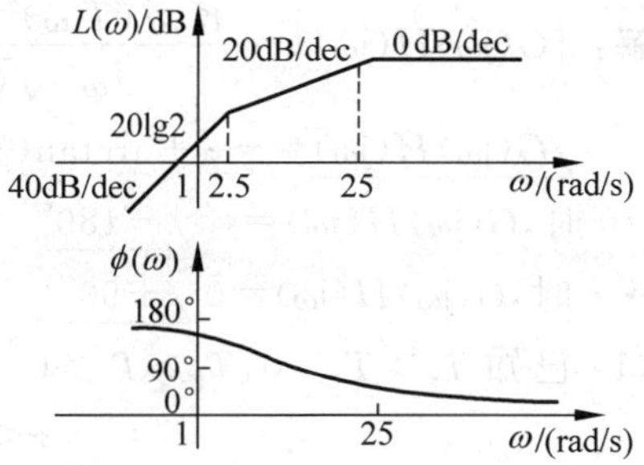

图 4.4

(3) $$G(s)=\frac{50(0.6s+1)}{s^2(4s+1)}=\frac{50\left(\dfrac{1}{1.67}s+1\right)}{s^2\left(\dfrac{1}{0.25}s+1\right)}$$

其伯德图如图 4.5 所示。

(4) $$G(s)=\frac{7.5(0.2s+1)(s+1)}{s(s^2+16s+100)}=\frac{0.075\left(\dfrac{1}{5}s+1\right)(s+1)}{\left[\left(\dfrac{1}{10}\right)^2s^2+2\times0.8\times\dfrac{1}{10}s+1\right]\cdot s}$$

其伯德图如图 4.6 所示。

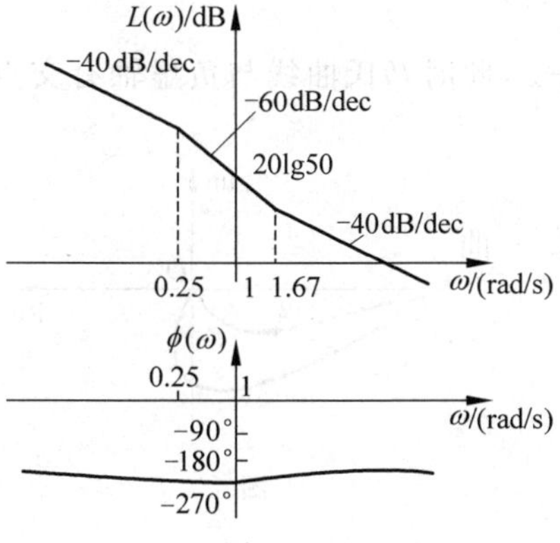

图 4.5

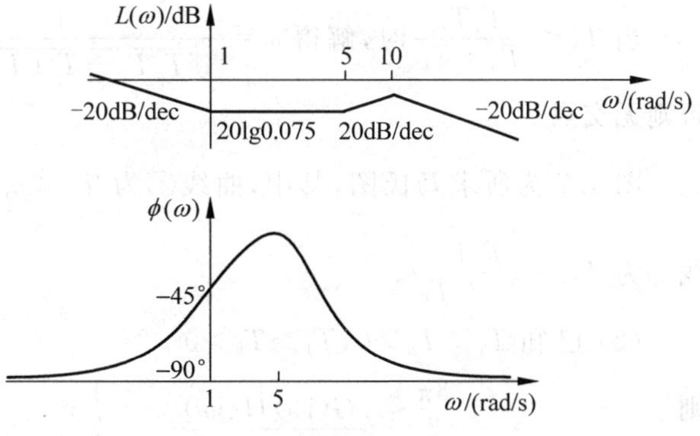

图 4.6

4-9 系统的开环传递函数为

$$G(s)H(s)=\frac{K(T_a s+1)(T_b s+1)}{s^2(T_1 s+1)},\quad K>0$$

试画出下面两种情况的乃氏图：

(1) $T_a>T_1>0, T_b>T_1>0$；

(2) $T_1>T_a>0, T_1>T_b>0$。

解：$|G(j\omega)H(j\omega)|=\dfrac{K\sqrt{(T_a\omega)^2+1}\sqrt{(T_b\omega)^2+1}}{\omega^2\sqrt{(T_1\omega)^2+1}}$

$$\angle G(j\omega)H(j\omega)=-\pi+\arctan(T_a\omega)+\arctan(T_b\omega)-\arctan(T_1\omega)$$

当 $\omega=0$ 时，$G(j\omega)H(j\omega)=\infty\angle-180^\circ$

当 $\omega\to\infty$ 时，$G(j\omega)H(j\omega)=0\angle-90^\circ$

(1) 已知 $T_a>T_1>0, T_b>T_1>0$

则
$$-\pi<\angle G(j\omega)H(j\omega)<0$$

若图线穿过负虚轴，则

$$-\pi+\arctan(T_a\omega)+\arctan(T_b\omega)-\arctan(T_1\omega)=-\frac{\pi}{2}$$

即

$$\frac{\pi}{2}+\arctan(T_1\omega)=\arctan(T_a\omega)+\arctan(T_b\omega)$$

两边取正切，得

$$-\frac{1}{\omega T_1}=\frac{T_a\omega+T_b\omega}{1-\omega^2T_aT_b}$$

则

$$\omega^2=\frac{1}{T_aT_b-T_1(T_a+T_b)}$$

当 $T_1<\dfrac{T_aT_b}{T_a+T_b}$ 时，解得 $\omega=\dfrac{1}{\sqrt{T_aT_b-T_1(T_a+T_b)}}$，此时乃氏曲线与负虚轴有交点，否则无交点。

图 4.7 为所求乃氏图，其中，曲线①为 $T_1<\dfrac{T_aT_b}{T_a+T_b}$；曲线②为 $T_1>\dfrac{T_aT_b}{T_a+T_b}$。

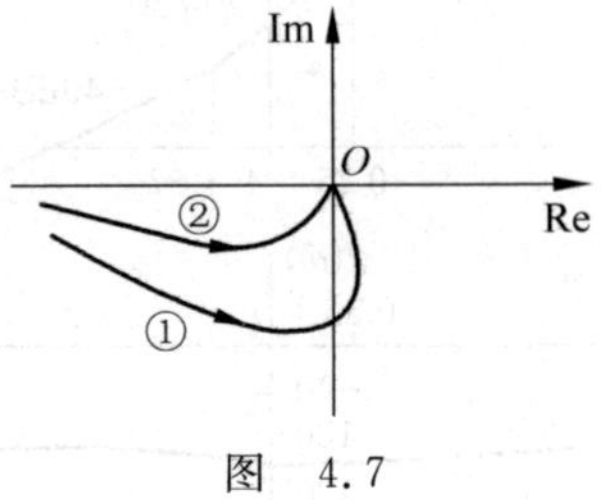

图 4.7

(2) 已知 $T_1>T_a>0, T_1>T_b>0$

则
$$-\frac{3\pi}{2}<\angle G(j\omega)H(j\omega)<-\frac{1}{2}\pi$$

若图线穿过负实轴，则

$$-\pi+\arctan(T_a\omega)+\arctan(T_b\omega)-\arctan(T_1\omega)=-\pi$$

即

$$\arctan(T_1\omega)=\arctan(T_a\omega)+\arctan(T_b\omega)$$

两边取正切，得

$$T_1\omega=\frac{T_a\omega+T_b\omega}{1-T_aT_b\omega^2}$$

则

$$\omega^2=\frac{T_1-(T_a+T_b)}{T_1T_aT_b}$$

当 $T_1>T_a+T_b$ 时，解得 $\omega=\sqrt{\frac{T_1-(T_a+T_b)}{T_1T_aT_b}}$，此时乃氏曲线与负实轴有交点，否则无交点。

图 4.8 为所求乃氏图，其中，曲线①为 $T_1<T_a+T_b$；曲线②为 $T_1>T_a+T_b$。

4-10 某对象的微分方程为

$$T\frac{\mathrm{d}x(t)}{\mathrm{d}t}+x(t)=\tau\frac{\mathrm{d}u(t)}{\mathrm{d}t}+u(t)$$

其中，$T>\tau>0$，$u(t)$为输入量，$x(t)$为输出量。试画出其对数幅频特性，并在图中标出各转角频率。

解：零初始条件下将方程两边拉氏变换

得

$$TsX(s)+X(s)=\tau sU(s)+U(s)$$

则

$$\frac{X(s)}{U(s)}=\frac{\tau s+1}{Ts+1}$$

其对数幅频特性如图 4.9 所示。

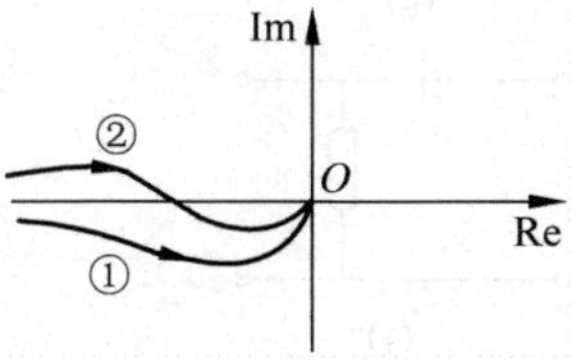

图 4.8

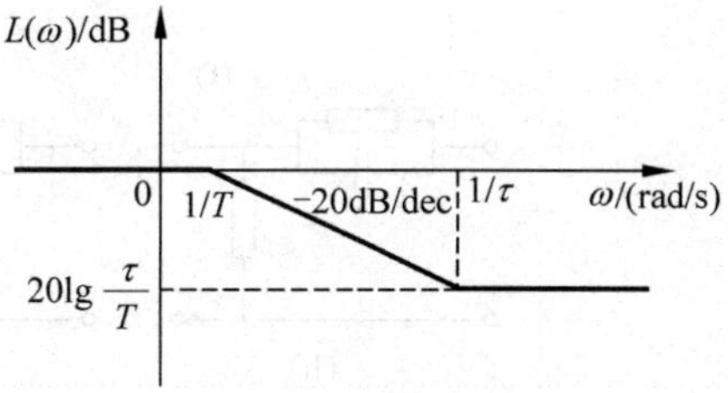

图 4.9

4-11 图 4.10(a)～(g)列出了 7 个系统的伯德图，图 4.10(h)～(l)列出了 5 个电网络图，找出每个网络对应的伯德图，并指出是高通、低通、带通，还是带阻；是超前、滞后，还是超前-滞后组合。

解：(h) ⇔(f)高通、超前网络；　(i)⇔(g)带阻、超前-滞后组合网络；

(j) ⇔(a)高通、超前网络；　(k)⇔(e)高通、超前网络；

(l) ⇔(d)低通、滞后网络。

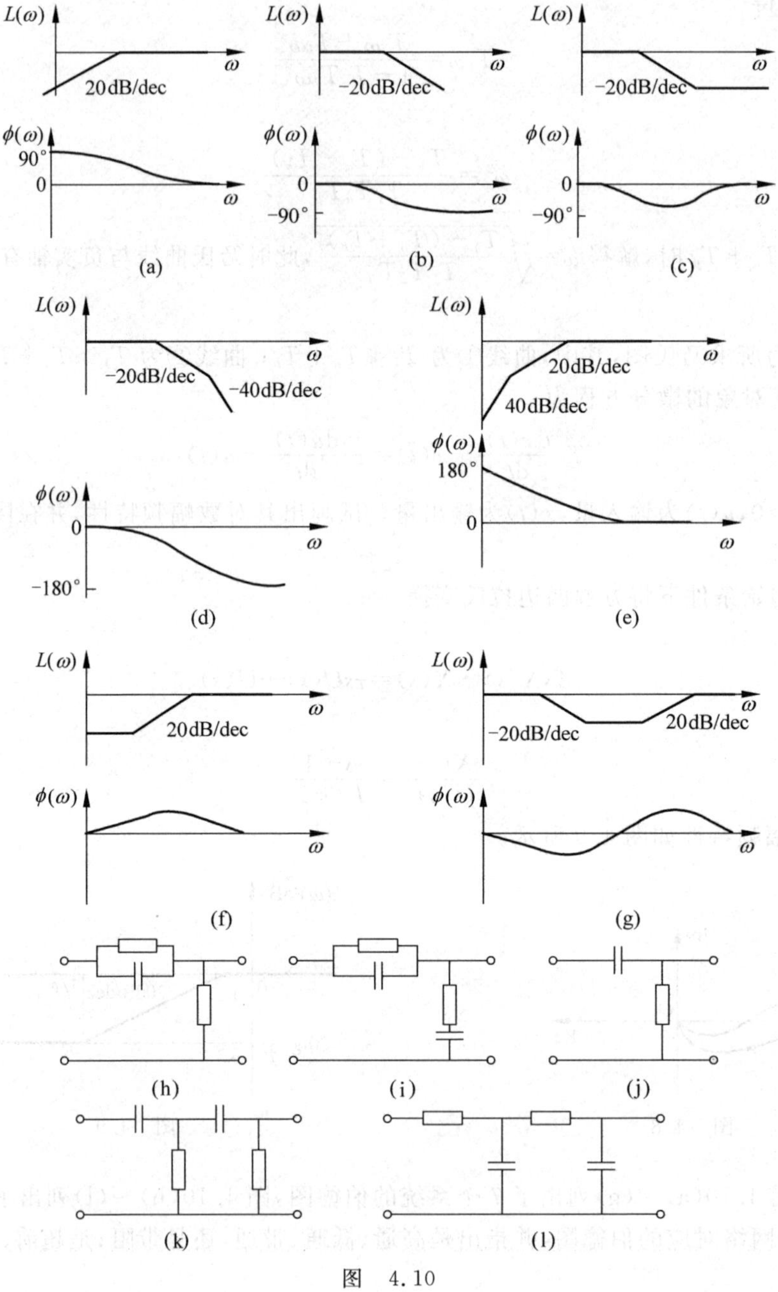

图 4.10

4-12 下面各传递函数能否在图 4.11(a)～(f)中找到相应的乃氏曲线？

(1) $G_1(s)=\dfrac{0.2(4s+1)}{s^2(0.4s+1)}$；

(2) $G_2(s)=\dfrac{0.14(9s^2+5s+1)}{s^3(0.3s+1)}$；

(3) $G_3(s)=\dfrac{K(0.1s+1)}{s(s+1)}$，$K>0$；

(4) $G_4(s)=\dfrac{K}{(s+1)(s+2)(s+3)}$，$K>0$；

(5) $G_5(s)=\dfrac{K}{s(s+1)(0.5s+1)}$，$K>0$；

(6) $G_6(s)=\dfrac{K}{(s+1)(s+2)}$，$K>0$。

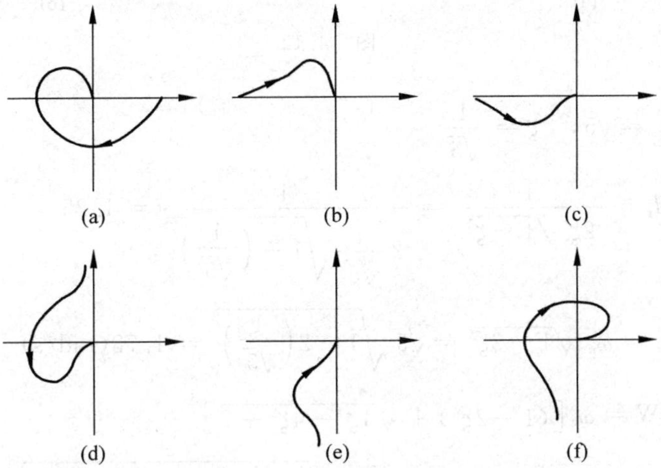

图 4.11

解：(1) ⇔(c)；(2)⇔(d)；(3)⇔(e)；(4)⇔(a)。

4-13 写出图 4.12(a)、(b)所示最小相位系统的开环传递函数。

解：(a) $\dfrac{K(\tau s+1)}{s^2(T_1 s+1)(T_2 s+1)}$

(b) $\dfrac{(\tau s+1)}{s^2(T_1 s+1)(T_2 s+1)}$

4-14 试确定下列系统的谐振峰值、谐振频率及频带宽：

$$\frac{X_o(j\omega)}{X_i(j\omega)}=\frac{5}{(j\omega)^2+2(j\omega)+5}$$

解：$\dfrac{X_o(j\omega)}{X_i(j\omega)}=\dfrac{5}{(j\omega)^2+2(j\omega)+5}=\dfrac{(\sqrt{5})^2}{(j\omega)^2+2\dfrac{1}{\sqrt{5}}\sqrt{5}\,j\omega+(\sqrt{5})^2}$

则

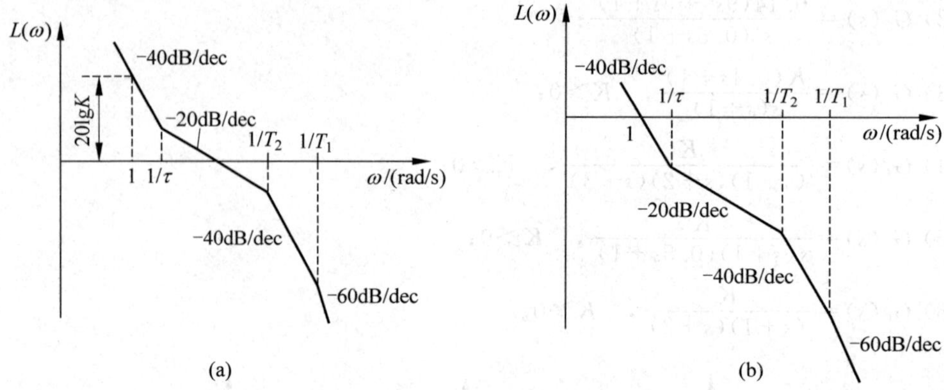

图 4.12

$$\omega_n = \sqrt{5}, \quad \zeta = \frac{1}{\sqrt{5}}$$

$$M_r = \frac{1}{2\zeta\sqrt{1-\zeta^2}} = \frac{1}{2\frac{1}{\sqrt{5}}\sqrt{1-\left(\frac{1}{\sqrt{5}}\right)^2}} = 1.25$$

$$\omega_r = \omega_n\sqrt{1-2\zeta^2} = \sqrt{5}\sqrt{1-2\left(\frac{1}{\sqrt{5}}\right)^2} = 1.73(\text{rad/s})$$

$$\begin{aligned}\text{BW} &= \omega_n\left[(1-2\zeta^2)+\sqrt{4\zeta^4-4\zeta^2+2}\right]^{\frac{1}{2}} \\ &= \sqrt{5}\left\{\left[1-2\left(\frac{1}{\sqrt{5}}\right)^2\right]+\sqrt{4\left(\frac{1}{\sqrt{5}}\right)^4-4\left(\frac{1}{\sqrt{5}}\right)^2+2}\right\}^{\frac{1}{2}} \\ &= 2.97(\text{rad/s})\end{aligned}$$

4-15 试画出下列系统的乃氏图：

(1) $G(s)=\dfrac{1}{(s+1)(2s+1)}$；

(2) $G(s)=\dfrac{1}{s^2(s+1)(2s+1)}$；

(3) $G(s)=\dfrac{(0.2s+1)(0.025s+1)}{s^2(0.005s+1)(0.001s+1)}$。

解：(1) $G(\mathrm{j}\omega)=\dfrac{1}{(\mathrm{j}\omega+1)(2\mathrm{j}\omega+1)}$

$$|G(\mathrm{j}\omega)| = \frac{1}{\sqrt{\omega^2+1}\sqrt{(2\omega)^2+1}}$$

$$\angle G(\mathrm{j}\omega) = -\arctan\omega - \arctan 2\omega$$

$$G(\mathrm{j}0) = 1\angle 0^\circ$$

$$G(\mathrm{j}\infty)=0\ \underline{/-180^\circ}$$

解

$$\underline{/G(\mathrm{j}\omega)}=-\arctan\omega-\arctan 2\omega=-\frac{\pi}{2}$$

得

$$\omega=\frac{\sqrt{2}}{2}(\mathrm{rad/s})$$

$$\left|G\left(\mathrm{j}\,\frac{\sqrt{2}}{2}\right)\right|=0.47$$

其乃氏图如图 4.13 所示。

(2) $G(\mathrm{j}\omega)=\dfrac{1}{(\mathrm{j}\omega)^2(\mathrm{j}\omega+1)(2\mathrm{j}\omega+1)}$

$$|G(\mathrm{j}\omega)|=\frac{1}{\omega^2\sqrt{\omega^2+1}\sqrt{(2\omega)^2+1}}$$

$$\underline{/G(\mathrm{j}\omega)}=-180^\circ-\arctan\omega-\arctan 2\omega$$

$$G(\mathrm{j}0)=\infty\,\underline{/-180^\circ}$$

$$G(\mathrm{j}\infty)=0\ \underline{/-360^\circ}$$

解

$$\underline{/G(\mathrm{j}\omega)}=-180^\circ-\arctan\omega-\arctan 2\omega=-270^\circ$$

得

$$\omega=\frac{\sqrt{2}}{2}(\mathrm{rad/s})$$

$$\left|G\left(\mathrm{j}\,\frac{\sqrt{2}}{2}\right)\right|=\frac{2\sqrt{2}}{3}$$

其乃氏图如图 4.14 所示。

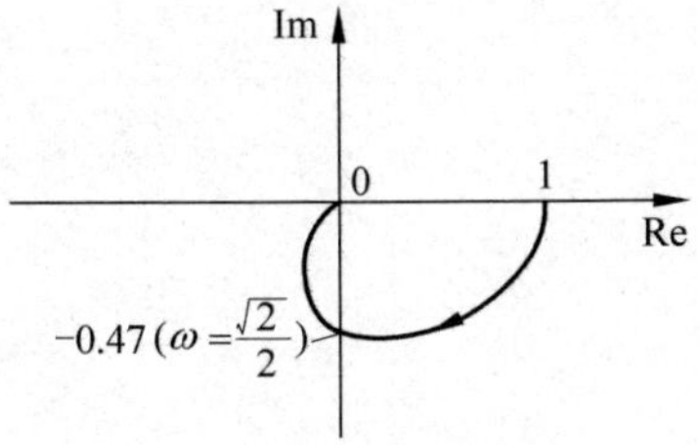

图 4.13

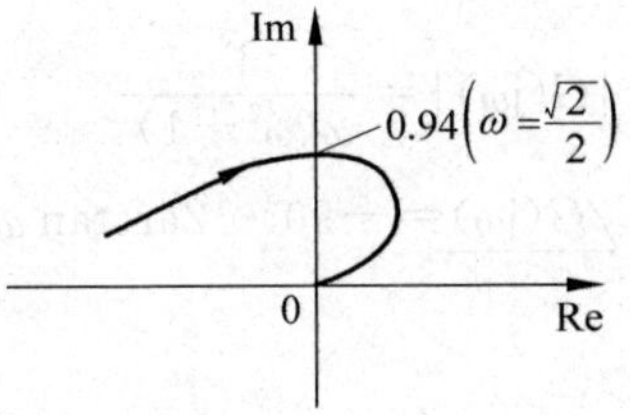

图 4.14

(3) $G(\mathrm{j}\omega)=\dfrac{(0.2\mathrm{j}\omega+1)(0.025\mathrm{j}\omega+1)}{(\mathrm{j}\omega)^2(0.005\mathrm{j}\omega+1)(0.001\mathrm{j}\omega+1)}$

$$|G(j\omega)|=\frac{\sqrt{(0.2\omega)^2+1}\sqrt{(0.025\omega)^2+1}}{\omega^2\sqrt{(0.005\omega)^2+1}\sqrt{(0.001\omega)^2+1}}$$

$$\angle G(j\omega)=-180^\circ+\arctan 0.025\omega+\arctan 0.2\omega-\arctan 0.005\omega-\arctan 0.001\omega$$

$$G(j0)=\infty\angle-180^\circ$$

$$G(j\infty)=0\angle-180^\circ$$

解

$$\angle G(j\omega)=-180^\circ+\arctan 0.2\omega-\arctan 0.005\omega+\arctan 0.025\omega-\arctan 0.001\omega=-90^\circ$$

得

$$\omega_1=1.67\times10(\text{rad/s})$$
$$\omega_2=3.82\times10^2(\text{rad/s})$$
$$|G(j\omega_1)|=1.3\times10^{-2}$$
$$|G(j\omega_2)|=2.2\times10^{-3}$$

其乃氏图如图 4.15 所示。

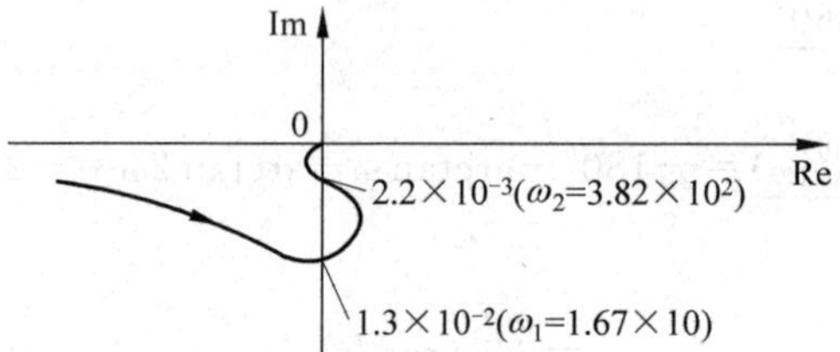

图 4.15

4-16 某单位反馈系统的开环传递函数为 $G(s)=\frac{1}{s(s+1)^2}$，试求其剪切频率，并求出该频率对应的相角。

解：$|G(j\omega)|=\frac{1}{\omega(\omega^2+1)}$

$$\angle G(j\omega)=-90^\circ-2\arctan\omega$$

解

$$|G(j\omega)|=\frac{1}{\omega(\omega^2+1)}=1$$

得

$$\omega_c=0.68(\text{rad/s})$$

$$\angle G(j\omega_c)=-90^\circ-2\arctan 0.68=-158.4^\circ$$

4-17 对于图 4.16 所示的系统，试求出满足 $M_r=1.04$，$\omega_r=11.55\ \text{rad/s}$ 的 K 和 a 值，并计算系统取此参数时的频带宽。

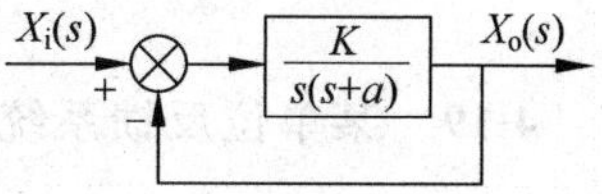

图 4.16

解：

$$\frac{C(s)}{R(s)}=\frac{\dfrac{K}{s(s+a)}}{1+\dfrac{K}{s(s+a)}}=\frac{(\sqrt{K})^2}{s^2+2\dfrac{a}{2\sqrt{K}}\sqrt{K}\,s+(\sqrt{K})^2}$$

则

$$\omega_n=\sqrt{K},\quad \zeta=\frac{a}{2\sqrt{K}}$$

解

$$\begin{cases}M_r=\dfrac{1}{2\zeta\sqrt{1-\zeta^2}}=\dfrac{1}{2\dfrac{a}{2\sqrt{K}}\sqrt{1-\left(\dfrac{a}{2\sqrt{K}}\right)^2}}=1.04\\ \omega_r=\omega_n\sqrt{1-2\zeta^2}=\sqrt{K}\sqrt{1-2\left(\dfrac{a}{2\sqrt{K}}\right)^2}=11.55\end{cases}$$

得

$$\begin{cases}K=485.8\\ a=26.5\end{cases}$$

则

$$\omega_n=\sqrt{K}=\sqrt{485.8}\approx 22(\text{rad/s})$$

$$\zeta=\frac{a}{2\sqrt{K}}=\frac{26.5}{2\sqrt{485.8}}\approx 0.6$$

所以频带宽

$$\begin{aligned}\text{BW}&=\omega_n\left[(1-2\zeta^2)+(4\zeta^4-4\zeta^2+2)^{\frac{1}{2}}\right]^{\frac{1}{2}}\\&=22\left[(1-2\times 0.6^2)+(4\times 0.6^4-4\times 0.6^2+2)^{\frac{1}{2}}\right]^{\frac{1}{2}}\\&=25.3(\text{rad/s})\end{aligned}$$

4-18 已知某二阶反馈控制系统的最大超调量为 25%，试求相应的阻尼比和谐振峰值。

解：已知 $M_p=e^{-\frac{\zeta\pi}{\sqrt{1-\zeta^2}}}=0.25$

解得

$$\zeta=0.4$$

则

$$M_r=\frac{1}{2\zeta\sqrt{1-\zeta^2}}=\frac{1}{2\times0.4\sqrt{1-0.4^2}}=1.36$$

4-19 某单位反馈系统的开环传递函数为 $G(s)=\frac{10}{s+1}$，试求下列输入时输出 x_o 的稳态响应表达式：

(1) $x_i(t)=\sin(t+30°)$； (2) $x_i(t)=2\cos(2t-45°)$。

解：$\Phi(j\omega)=\frac{X_o(j\omega)}{X_i(j\omega)}=\frac{10}{j\omega+11}$

$$|\Phi(j\omega)|=\frac{10}{\sqrt{\omega^2+11^2}}$$

$$\angle\Phi(j\omega)=-\arctan(\omega/11)$$

(1) $|\Phi(j1)|=\frac{10}{\sqrt{1^2+11^2}}=\frac{10\sqrt{122}}{122}$

$$\angle\Phi(j1)+30°=-\arctan(1/11)+30°=24.8°$$

所以

$$x_o(t)=\frac{10\sqrt{122}}{122}\sin(t+24.8°)$$

(2) $2|\Phi(j2)|=\frac{2\times10}{\sqrt{2^2+11^2}}=\frac{4\sqrt{5}}{5}$

$$\angle\Phi(j2)-45°=-\arctan(2/11)-45°=-55.3°$$

所以

$$x_o(t)=\frac{4\sqrt{5}}{5}\cos(2t-55.3°)$$

4-20 某系统如图 4.17 所示，当 a 分别为 1、4、8、16、256 时，求其 M_p、t_p、t_s，并画出开环对数幅频特性图，求出 ω_c 和 ω_c 对应的角度值。

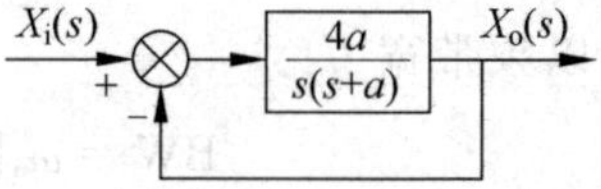

图 4.17

解：$$\frac{X_o(s)}{X_i(s)}=\frac{\frac{4a}{s(s+a)}}{1+\frac{4a}{s(s+a)}}=\frac{(2\sqrt{a})^2}{s^2+2\frac{\sqrt{a}}{4}2\sqrt{a}s+(2\sqrt{a})^2}$$

则

$$\omega_n=2\sqrt{a},\quad \zeta=\frac{\sqrt{a}}{4}$$

当 $0<\zeta<1$ 时

$$M_p=e^{-\frac{\zeta\pi}{\sqrt{1-\zeta^2}}},\quad t_p=\frac{\pi}{\omega_n\sqrt{1-\zeta^2}},\quad t_s=\frac{3}{\zeta\omega_n}$$

则 a 为不同值时的 M_p、t_p、t_s 值如表 4.1 所示。

表 4.1

a	1	4	8	16	256
ζ	0.25	0.5	0.707	1	4
ω_n	2	4	$4\sqrt{2}$	8	32
M_p	44.4%	16.3%	4.3%	0	0
t_p/s	1.62	0.907	0.785	—	—
t_s/s	6	1.5	0.75	0.6	0.74

$$G(j\omega)=\frac{4a}{j\omega(j\omega+a)}=\frac{4}{j\omega\left(\frac{1}{a}j\omega+1\right)}$$

其对数幅频特性图如图 4.18 所示。

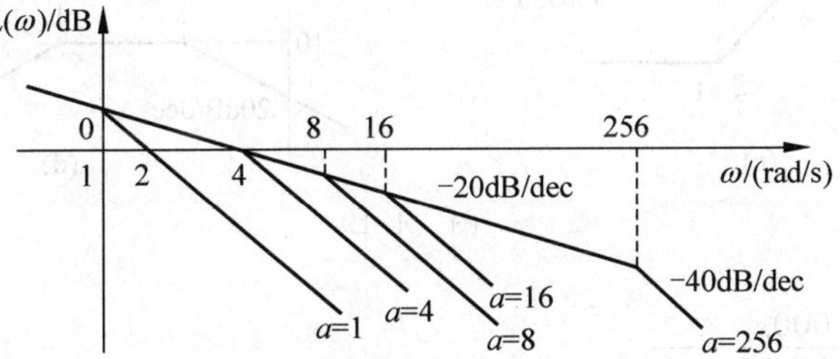

图 4.18

由图可见：

当 $a=1$ 时，$\omega_c=2\text{rad/s}$

$$\Phi(\omega_c)=-90^\circ-\arctan\frac{2}{1}=-153.4^\circ$$

当 $a=4$ 时，$\omega_c=4\text{rad/s}$

$$\Phi(\omega_c)=-90^\circ-\arctan\frac{4}{4}=-135^\circ$$

当 $a=8$ 时，$\omega_c=4\text{rad/s}$

$$\Phi(\omega_c)=-90^\circ-\arctan\frac{4}{8}=-116.6^\circ$$

当 $a=16$ 时，$\omega_c=4\text{rad/s}$

$$\Phi(\omega_c)=-90^\circ-\arctan\frac{4}{16}=-104.0^\circ$$

当 $a=256$ 时，$\omega_c=4\text{rad/s}$

$$\Phi(\omega_c)=-90^\circ-\arctan\frac{4}{256}=-90.9^\circ$$

4-21 对于图 4.19 所示的最小相位系统,试写出其传递函数。

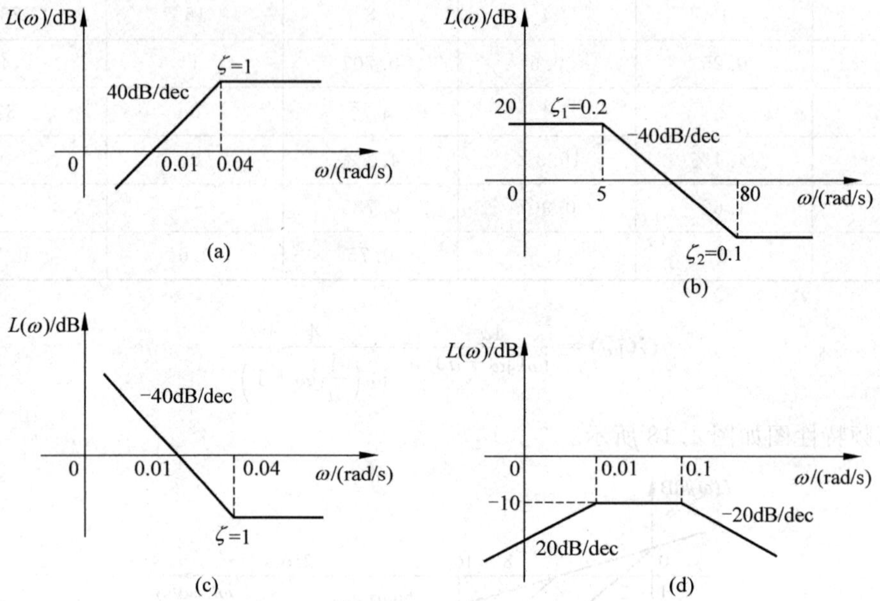

图 4.19

解:(a) $\dfrac{10\,000s^2}{25^2s^2+2\times25s+1}$

(b) $\dfrac{10\left(\dfrac{1}{80^2}s^2+2\times0.1\times\dfrac{1}{80}s+1\right)}{\dfrac{1}{5^2}s^2+2\times0.2\times\dfrac{1}{5}s+1}$

(c) $\dfrac{10^{-4}\left(\dfrac{1}{0.04^2}s^2+2\times\dfrac{1}{0.04}s+1\right)}{s^2}$

(d) $\dfrac{10^{3/2}s}{\left(\dfrac{1}{0.01}s+1\right)\left(\dfrac{1}{0.1}s+1\right)}$

5 控制系统的稳定性分析

本章要求明确控制系统稳定的概念、稳定的充分必要条件，重点要求掌握劳斯-赫尔维茨稳定性判据和乃奎斯特稳定判据，以及系统相对稳定性的概念。并掌握相位裕量和幅值裕量的概念及计算方法。

5-1 判别图 5.1 所示系统的稳定性。

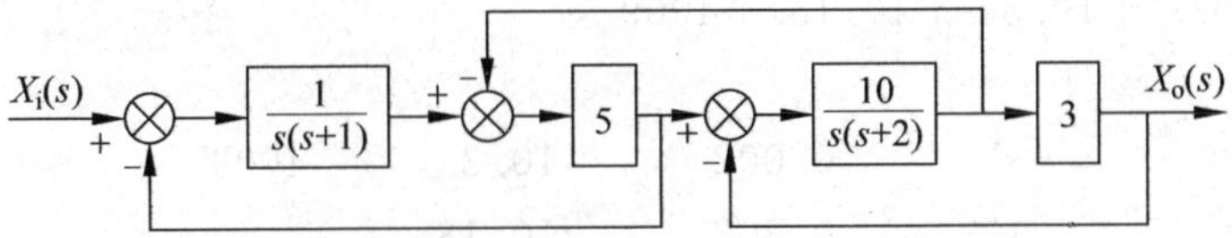

图 5.1

解：
$$\frac{X_o(s)}{X_i(s)}=\frac{\frac{1}{s(s+1)}5\frac{10}{s(s+2)}3}{1+\frac{1}{s(s+1)}5+\frac{10}{s(s+2)}3+5\frac{10}{s(s+2)}+\frac{1}{s(s+1)}5\frac{10}{s(s+2)}3}$$
$$=\frac{150}{s^4+3s^3+87s^2+90s+150}$$

其劳斯阵列为

s^4	1	87	150
s^3	3	90	
s^2	57	150	
s^1	$\frac{1560}{19}$		
s^0	150		

所以该系统稳定。

5-2 判别图 5.2 所示的系统是否稳定。若稳定，指出单位阶跃下的 $e(\infty)$ 值；若不稳定，则指出右半 s 平面根的个数。

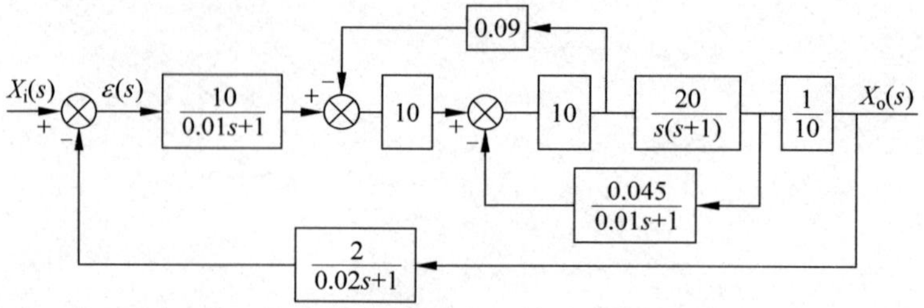

图 5.2

解：

$$\frac{X_o(s)}{X_i(s)}$$

$$=\frac{\frac{10}{0.01s+1}10\times10\frac{20}{s(s+1)}\frac{1}{10}}{1+\frac{10}{0.01s+1}10\times10\frac{20}{s(s+1)}\frac{1}{10}\frac{2}{0.02s+1}+10\times10\times0.09+10\frac{20}{s(s+1)}\frac{0.045}{0.01s+1}}$$

$$=\frac{2000(0.02s+1)}{0.002s^4+0.302s^3+10.3s^2+10.18s+4009}$$

其劳斯阵列为

s^4	0.002	10.3	4009
s^3	0.302	10.18	
s^2	10.23	4009	
s^1	−108.2		
s^0	7609		

由劳斯阵列可知，有两个右根，系统不稳定。

5-3 对于如图5.3所示的系统，判断

(1) 当开环增益 K 由20下降到何值时，系统临界稳定。

(2) 当 $K=20$，其中一个惯性环节时间常数 T 由0.1 s下降到何值时，系统临界稳定。

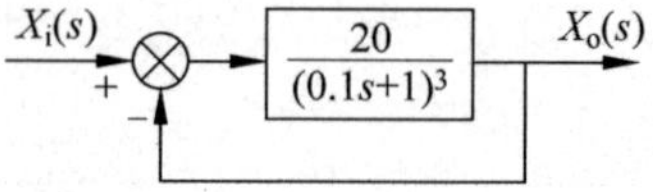

图 5.3

解：(1) $$\frac{X_o(s)}{X_i(s)}=\frac{\frac{K}{(0.1s+1)^3}}{1+\frac{K}{(0.1s+1)^3}}$$

$$=\frac{K}{0.001s^3+0.03s^2+0.3s+K+1}$$

解

$$\begin{cases}K+1>0\\0.03\times0.3>0.001(K+1)\end{cases}$$

得

$$-1<K<8$$

即 K 由 20 降到 8 时，系统临界稳定。

(2) $$\frac{X_o(s)}{X_i(s)}=\frac{\dfrac{20}{(0.1s+1)^2(Ts+1)}}{1+\dfrac{20}{(0.1s+1)^2(Ts+1)}}$$

$$=\frac{20}{0.01Ts^3+(0.01+0.2T)s^2+(0.2+T)s+21}$$

解

$$\begin{cases}0.01T>0\\0.01+0.2T>0\\0.2+T>0\\(0.01+0.2T)(0.2+T)>0.01T\times 21\end{cases}$$

得

$$T>0.787 \quad \text{或} \quad 0<T<0.0127$$

故惯性环节时间常数 T 由 0.1 s 下降到 0.0127 s 时，系统临界稳定。

5-4 对于如下特征方程的反馈控制系统，试用代数判据求系统稳定的 K 值范围。

(1) $s^4+22s^3+10s^2+2s+K=0$；　(2) $s^4+20Ks^3+5s^2+(10+K)s+15=0$；

(3) $s^3+(K+0.5)s^2+4Ks+50=0$；　(4) $s^4+Ks^3+s^2+s+1=0$。

解：(1) 其劳斯阵列为

$$\begin{array}{llll}
s^4 & 1 & 10 & K\\
s^3 & 22 & 2 & \\
s^2 & \dfrac{109}{11} & K & \\
s^1 & \dfrac{218-242K}{109} & & \\
s^0 & K & &
\end{array}$$

解

$$\begin{cases}K>0\\ \dfrac{218-242K}{109}>0\end{cases}$$

得 $0<K<\dfrac{109}{121}$，即为所求。

(2) 其劳斯阵列为

$$\begin{array}{llll}
s^4 & 1 & 5 & 15\\
s^3 & 20K & 10+K &
\end{array}$$

$$
\begin{array}{lll}
s^2 & \dfrac{99K-10}{20K} & 15 \\
s^1 & \dfrac{-5901K^2+980K-100}{99K-10} & \\
s^0 & 15 &
\end{array}
$$

解

$$
\begin{cases}
20K>0 \\
10+K>0 \\
\dfrac{99K-10}{20K}>0 \\
\dfrac{-5901K^2+980K-100}{99K-10}>0
\end{cases}
$$

此不等式组无实数解，因此，无论 K 取什么值，系统总不稳定。

(3) 解

$$
\begin{cases}
K+0.5>0 \\
4K>0 \\
(K+0.5)4K>50
\end{cases}
$$

得 $K>\dfrac{-1+\sqrt{201}}{4}$，即为所求。

(4) 其劳斯阵列为

$$
\begin{array}{llll}
s^4 & 1 & 1 & 1 \\
s^3 & K & 1 & \\
s^2 & \dfrac{K-1}{K} & 1 & \\
s^1 & \dfrac{K-1-K^2}{K-1} & & \\
s^0 & 1 & &
\end{array}
$$

解

$$
\begin{cases}
K>0 \\
\dfrac{K-1}{K}>0 \\
\dfrac{K-1-K^2}{K-1}>0
\end{cases}
$$

此不等式组无实数解，因此，无论 K 取什么值，系统总不稳定。

5-5 设闭环系统特征方程如下，试确定有几个根在右半 s 平面。

(1) $s^4+10s^3+35s^2+50s+24=0$；　(2) $s^4+2s^3+10s^2+24s+80=0$；

(3) $s^3-15s+126=0$；　(4) $s^5+3s^4-3s^3-9s^2-4s-12=0$。

解：(1) 其劳斯阵列为

s^4	1	35	24
s^3	10	50	
s^2	30	24	
s^1	42		
s^0	24		

第一列元素符号没有变化，故没有根在右半 s 平面。

(2) 其劳斯阵列为

s^4	1	10	80
s^3	2	24	
s^2	-2	80	
s^1	104		
s^0	80		

第一列元素符号变化两次，故有两个根在右半 s 平面。

(3) 其劳斯阵列为

s^3	1	-15
s^2	0(取为 ε)	126
s^1	$\dfrac{-15\varepsilon-126}{\varepsilon}$	
s^0	126	

第一列元素符号变化两次，故有两个根在右半 s 平面。

(4) 其劳斯阵列为

s^5	1	-3	-4
s^4	3	-9	-12
s^3	0(12)	0(-18)	
s^2	-4.5	-12	
s^1	-50		
s^0	-12		

第一列元素符号变化一次，故有一个根在右半 s 平面。

5-6 用乃奎斯特稳定性判据判断下列系统的稳定性：

(1) $G(s)H(s)=\dfrac{100}{s(s^2+2s+2)(s+1)}$；

(2) $G(s)H(s)=\dfrac{K(s-1)}{s(s+1)}$；

(3) $G(s)H(s)=\dfrac{s}{1-0.2s}$。

解：(1) $G(j\omega)H(j\omega)=\dfrac{100}{j\omega[(j\omega)^2+2j\omega+2](j\omega+1)}$

$$|G(j\omega)H(j\omega)|=\frac{50}{\omega\sqrt{\left(1-\frac{1}{2}\omega^2\right)^2+\omega^2}\sqrt{1+\omega^2}}$$

$$\underline{/G(j\omega)H(j\omega)}=\begin{cases}-\dfrac{\pi}{2}-\arctan\omega-\arctan\left(\dfrac{\omega}{1-\frac{1}{2}\omega^2}\right), & \omega\leqslant\sqrt{2}\\ -\dfrac{3}{2}\pi-\arctan\omega+\arctan\dfrac{\omega}{\frac{1}{2}\omega^2-1}, & \omega>\sqrt{2}\end{cases}$$

$$G(j0)H(j0)=\infty\underline{/-\frac{\pi}{2}}$$

$$G(j\infty)H(j\infty)=0\underline{/-2\pi}$$

令

$$\underline{/G(j\omega)H(j\omega)}=-\pi$$

解得

$$\omega=\sqrt{\frac{2}{3}}$$

$$\left|G\left(j\sqrt{\frac{2}{3}}\right)H\left(j\sqrt{\frac{2}{3}}\right)\right|=45$$

其乃氏图如图 5.4 所示，已知开环没有右根，只有一个原点根，故系统闭环不稳定。

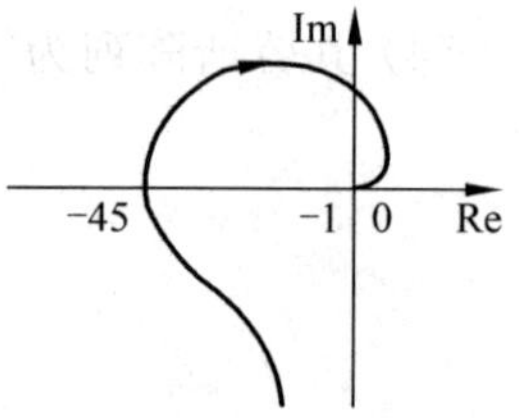

图 5.4

(2) $G(j\omega)H(j\omega)=\dfrac{K(j\omega-1)}{j\omega(j\omega+1)}=\dfrac{K[2\omega+j(1-\omega^2)]}{\omega(\omega^2+1)}$

当 $K>0$ 时，

$$G(j0)H(j0)=\infty\underline{/+90^\circ}$$

$$G(j\infty)H(j\infty)=0\underline{/-90^\circ}$$

令 $\mathrm{Im}[G(j\omega)H(j\omega)]=0$，解得$(K,j0)$为过实轴的点。其乃氏图如图 5.5 所示，已知开环有一个原点根，没有右极点，故当 $K>0$ 时，系统不稳定。

当 $K<0$ 时，

$$G(j0)H(j0)=\infty\underline{/-90^\circ}$$

$$G(j\infty)H(j\infty)=0\underline{/-270^\circ}$$

$(K,j0)$为实轴上的点，其乃氏图如图 5.6 所示，已知开环有一个原点根，没有右极点，故当 $-1<K<0$ 时，系统稳定；

$K\leqslant-1$ 时，系统不稳定。

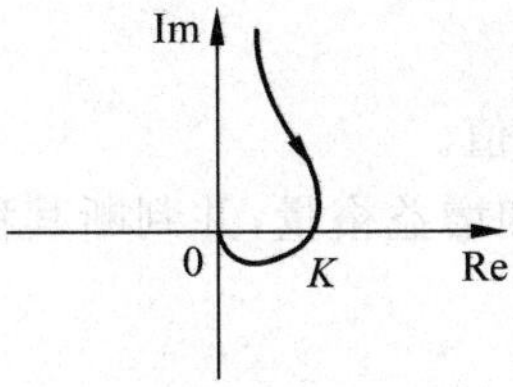

图 5.5

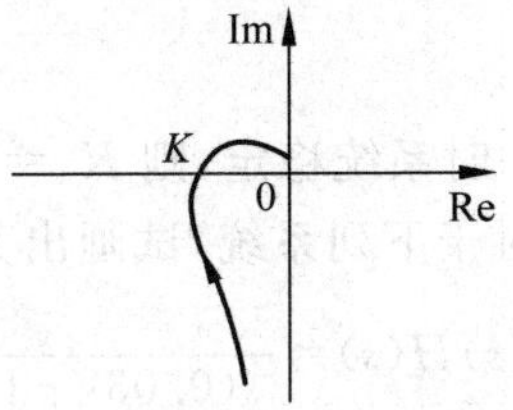

图 5.6

(3) $G(\mathrm{j}\omega)H(\mathrm{j}\omega)=\dfrac{\mathrm{j}\omega}{1-0.2\mathrm{j}\omega}=\dfrac{-0.2\omega^2+\mathrm{j}\omega}{1+0.04\omega^2}$

$$G(\mathrm{j}0)H(\mathrm{j}0)=0\angle+90^\circ$$

$$G(\mathrm{j}\infty)H(\mathrm{j}\infty)=5\angle+180^\circ$$

由频率特性可知,除 $\omega=0$ 和 $\omega=\infty$ 外,乃氏曲线不与实轴、虚轴相交。

任取 $\omega=1$ 时,该点坐标为$\left(\dfrac{-0.2}{1+0.04},\mathrm{j}\,\dfrac{1}{1+0.04}\right)$,在第Ⅱ象限,其乃氏图如图 5.7 所示,已知开环有一个右极点,故系统稳定。

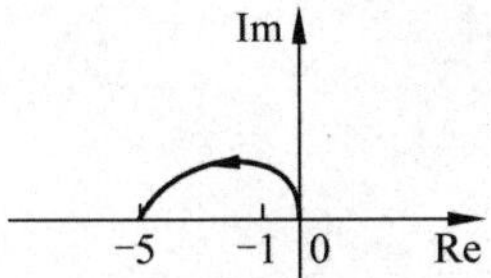

图 5.7

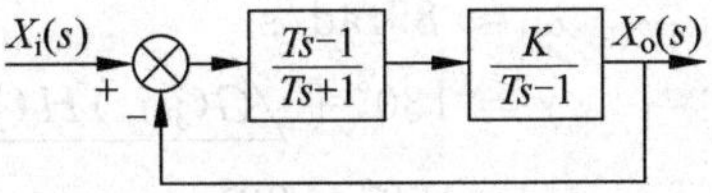

图 5.8

5-7 试说明图 5.8 所示系统的稳定条件。

解:$$\frac{X_o(s)}{X_i(s)}=\frac{\dfrac{Ts-1}{Ts+1}\;\dfrac{K}{Ts-1}}{1+\dfrac{Ts-1}{Ts+1}\;\dfrac{K}{Ts-1}}=\frac{K(Ts-1)}{T^2s^2+KTs-(K+1)}$$

解

$$\begin{cases}KT>0\\-(K+1)>0\end{cases}$$

得$\begin{cases}K<-1\\T<0\end{cases}$时系统稳定。

5-8 设 $G(s)=\dfrac{10}{s(s-1)}$,$H(s)=1+K_n s$,试确定闭环系统稳定时的 K_n 临界值。

解:$$\frac{X_o(s)}{X_i(s)}=\frac{\dfrac{10}{s(s-1)}}{1+\dfrac{10}{s(s-1)}(1+K_n s)}=\frac{10}{s^2+(10K_n-1)s+10}$$

解

$$10K_n-1>0$$

得 $K_n>0.1$ 时系统稳定,则 $K_n=0.1$ 即为系统稳定的临界值。

5-9 对于下列系统,试画出其伯德图,求出相角裕量和增益裕量,并判断其稳定性。

(1) $G(s)H(s)=\dfrac{250}{s(0.03s+1)(0.0047s+1)}$;

(2) $G(s)H(s)=\dfrac{250(0.5s+1)}{s(10s+1)(0.03s+1)(0.0047s+1)}$。

解:(1) $G(s)H(s)=\dfrac{250}{s\left(\dfrac{1}{33.3}s+1\right)\left(\dfrac{1}{212.8}s+1\right)}$

$$|G(j\omega)H(j\omega)|=\frac{250}{\omega\sqrt{(0.03\omega)^2+1}\sqrt{(0.0047\omega)^2+1}}$$

$$\angle G(j\omega)H(j\omega)=-90°-\arctan 0.03\omega-\arctan 0.0047\omega$$

解

$$|G(j\omega)H(j\omega)|=1$$

得

$$\begin{aligned}
&\omega_c\approx 85\text{rad/s}\\
&\gamma=180°+\angle G(j\omega_c)H(j\omega_c)\\
&\quad=180°-90°-\arctan(0.03\times 85)-\arctan(0.0047\times 85)\\
&\quad=-0.4°
\end{aligned}$$

解

$$\angle G(j\omega)H(j\omega)=-180°$$

得

$$\begin{aligned}
&\omega_{-\pi}\approx 84\text{rad/s}\\
&K_g=\frac{1}{|G(j\omega_{-\pi})H(j\omega_{-\pi})|}\\
&\quad=\frac{1}{\dfrac{250}{84\sqrt{(0.03\times 84)^2+1}\sqrt{(0.0047\times 84)^2+1}}}\\
&\quad=0.98
\end{aligned}$$

该系统不稳定,其伯德图如图5.9所示。

(2) $G(s)H(s)=\dfrac{250(0.5s+1)}{s(10s+1)(0.03s+1)(0.0047s+1)}$

$$|G(j\omega)H(j\omega)|=\frac{250\sqrt{(0.5\omega)^2+1}}{\omega\sqrt{(10\omega)^2+1}\sqrt{(0.03\omega)^2+1}\sqrt{(0.0047\omega)^2+1}}$$

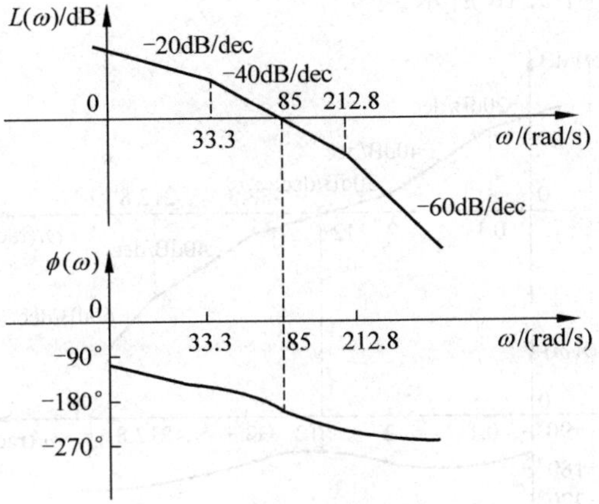

图 5.9

$$\underline{/G(j\omega)H(j\omega)} = -90° + \arctan 0.5\omega - \arctan 10\omega - \arctan 0.03\omega - \arctan 0.0047\omega$$

解

$$|G(j\omega)H(j\omega)| = 1$$

得

$$\omega_c \approx 12\text{rad/s}$$

$$\begin{aligned}\gamma &= 180° + \underline{/G(j\omega_c)H(j\omega_c)} \\ &= 180° - 90° + \arctan(0.5\times 12) - \arctan(10\times 12) \\ &\quad - \arctan(0.03\times 12) - \arctan(0.0047\times 12) \\ &= 57.7°\end{aligned}$$

解

$$G(j\omega)H(j\omega) = -180°$$

得

$$\omega_{-\pi} \approx 81\text{rad/s}$$

$$\begin{aligned}K_g &= \frac{1}{|G(j\omega_{-\pi})H(j\omega_{-\pi})|} \\ &\approx \frac{1}{\dfrac{250\sqrt{(10.5\times 81)^2+1}}{81\sqrt{(10\times 81)^2+1}\sqrt{(0.03\times 81)^2+1}\sqrt{(0.0047\times 81)^2+1}}} \\ &\approx 18.2\end{aligned}$$

该系统稳定，其伯德图如图 5.10 所示。

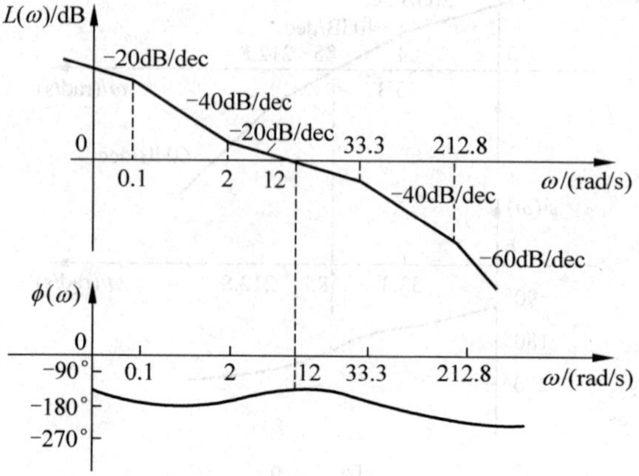

图 5.10

5-10 设单位反馈系统的开环传递函数为 $G(s)H(s)=\dfrac{10K(s+0.5)}{s^2(s+2)(s+10)}$，试用乃奎斯特稳定性判据确定该系统在 $K=1$ 和 $K=10$ 时的稳定性。

解：$G(\mathrm{j}\omega)=\dfrac{10K(\mathrm{j}\omega+0.5)}{(\mathrm{j}\omega)^2(\mathrm{j}\omega+2)(\mathrm{j}\omega+10)}$

$$=\frac{0.25K(2\mathrm{j}\omega+1)}{(\mathrm{j}\omega)^2\left(\frac{1}{2}\mathrm{j}\omega+1\right)\left(\frac{1}{10}\mathrm{j}\omega+1\right)}$$

$$|G(\mathrm{j}\omega)|=\frac{0.25K\sqrt{(2\omega)^2+1}}{\omega^2\sqrt{\left(\frac{1}{2}\omega\right)^2+1}\sqrt{\left(\frac{1}{10}\omega\right)^2+1}}$$

$$\angle G(\mathrm{j}\omega)=-180^\circ+\arctan 2\omega-\arctan\frac{1}{2}\omega-\arctan\frac{1}{10}\omega$$

$$G(\mathrm{j}0)=\infty\angle-180^\circ$$

$$G(\mathrm{j}\infty)=0\angle-270^\circ$$

解

$$\angle G(\mathrm{j}\omega)=-180^\circ$$

得

$$\omega=\sqrt{14}(\mathrm{rad/s})$$

$$|G(\mathrm{j}\sqrt{14})|=\frac{5}{84}K$$

其乃氏图如图 5.11 所示。

当 $K<\frac{84}{5}$ 时，乃氏图不过(−1，j0)点，系统稳定。

当 $K=1$ 或 $K=10$ 时，$K<\frac{84}{5}$，故此时系统稳定。

5-11 对于图 5.12 所示的系统，试确定：

(1) 使系统稳定的 a 值；

(2) 使系统特征值均落在 s 平面中 Re＝−1 这条线左边的 a 值。

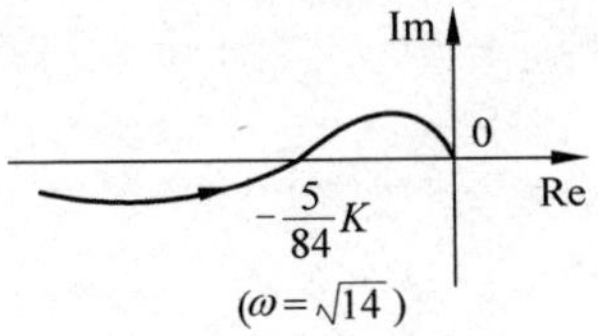

图 5.11

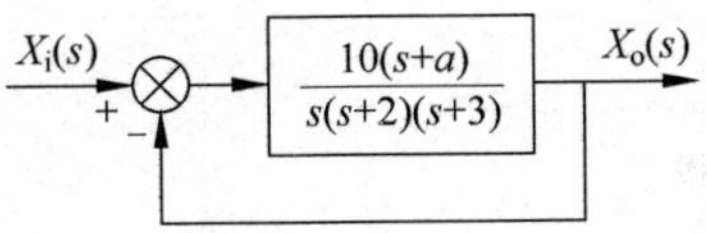

图 5.12

解：
$$\frac{X_o(s)}{X_i(s)}=\frac{\frac{10(s+a)}{s(s+2)(s+3)}}{1+\frac{10(s+a)}{s(s+2)(s+3)}}=\frac{10(s+a)}{s^3+5s^2+16s+10a}$$

(1) 解

$$\begin{cases}10a>0\\5\times16>1\times10a\end{cases}$$

得 $0<a<8$ 为使系统稳定的 a 值范围。

(2) 令 $s=z-1$，则闭环特征方程变为

$$(z-1)^3+5(z-1)^2+16(z-1)+10a=0$$

即

$$z^3+2z^2+9z+(10a-12)=0$$

解

$$\begin{cases}10a-12>0\\2\times9>1\times(10a-12)\end{cases}$$

得 $1.2<a<3$ 为使系统特征值均落在 Re＝−1 这条线左边的 a 值。

5-12 设一单位反馈系统的开环传递函数为 $G(s)=\frac{K}{s(Ts+1)}$，现希望系统特征方程的所有根都在 $s=-a$ 这条线的左边区域内，试确定所需的 K 值和 T 值范围。

解：系统闭环特征方程为

$$s(1+Ts)+K=0$$

令 $s=z-a$，则闭环特征方程变为

$$T(z-a)^2+(z-a)+K=0$$

即

$$Tz^2+(1-2aT)z+(Ta^2-a+K)=0$$

解

$$\begin{cases}T>0\\1-2aT>0\\Ta^2-a+K>0\end{cases}$$

得

$$\begin{cases}0<T<\dfrac{1}{2a}\\K>a-a^2T\end{cases}$$

即为所求。

5-13 一单位反馈系统的开环传递函数为 $G(s)=\dfrac{K(s+5)(s+40)}{s^3(s+200)(s+1000)}$，讨论当 K 变化时闭环系统的稳定性。使闭环系统持续振荡的 K 值等于多少？振荡频率为多少？

解：该系统的开环幅频特性伯德图如图 5.13 所示。K 值不同，曲线上下平移。

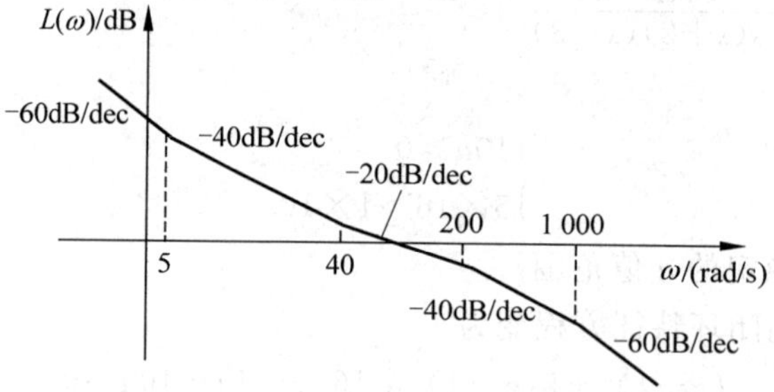

图 5.13

解

$$\begin{cases}\phi(\omega)=-270^\circ+\arctan\dfrac{\omega}{5}+\arctan\dfrac{\omega}{40}-\arctan\dfrac{\omega}{200}-\arctan\dfrac{\omega}{1000}=-180^\circ\\A(\omega)=\dfrac{K\sqrt{\omega^2+5^2}\sqrt{\omega^2+40^2}}{\omega^3\sqrt{\omega^2+200^2}\sqrt{\omega^2+1000^2}}=1\end{cases}$$

得 $\begin{cases}\omega_1=16.6\text{rad/s}\\K_1=1.22\times10^6\end{cases}$ 和 $\begin{cases}\omega_2=3.82\times10^2\text{ rad/s}\\K_2=1.75\times10^8\end{cases}$ 时闭环系统持续振荡，$1.22\times10^6<K<1.75\times10^8$ 时系统稳定。

5-14 设单位反馈控制系统的开环传递函数为 $G(s)H(s)=\dfrac{as+1}{s^2}$，试确定使相位裕量等于 $+45^\circ$ 的 a 值。

解：$G(\mathrm{j}\omega)=\dfrac{\mathrm{j}\omega a+1}{(\mathrm{j}\omega)^2}$

解

$$\begin{cases}A(\omega)=\dfrac{\sqrt{(a\omega)^2+1}}{\omega^2}=1\\ \phi(\omega)=-180^\circ+\arctan a\omega=-180^\circ+45^\circ\end{cases}$$

得 $a=\dfrac{1}{\sqrt[4]{2}}$，即为所求(此时 $\omega=\sqrt[4]{2}\,\mathrm{rad/s}$)。

5-15 某单位反馈系统的开环传递函数为 $G(s)=\dfrac{K(Ts+1)}{s(0.01s+1)(s+1)}$，为使系统有无穷大的增益裕量，求 T 的最小可能值。

解：系统闭环特征方程式为

$$s(0.01s+1)(s+1)+K(Ts+1)=0$$

即

$$0.01s^3+1.01s^2+(KT+1)s+K=0$$

系统稳定条件为

$$\begin{cases}KT+1>0\\ K>0\\ 1.01(KT+1)>0.01K\end{cases}$$

解得

$$T>\frac{0.01K-1.01}{1.01K},\quad K>0$$

令 $K\to+\infty$，得 $T>\dfrac{1}{101}$。当 T 取大于 $\dfrac{1}{101}$ 的所有数中的最小的数时，即为所求。

5-16 设单位反馈系统的开环传递函数为 $G(s)=\dfrac{K}{s(s+1)(s+2)}$，试确定使系统稳定的 K 值范围。

解：系统闭环特征方程为

$$s(s+1)(s+2)+K=0$$

即

$$s^3+3s^2+2s+K=0$$

解

$$\begin{cases}K>0\\ 3\times2>1\times K\end{cases}$$

得 $0<K<6$，即为所求。

5-17 试判断下列系统的稳定性：

(1) $G(s)=\frac{10}{s(s-1)(s+5)}$;　　(2) $G(s)=\frac{10(s+1)}{s(s-1)(2s+3)}$。

解:(1) 系统闭环特征方程为

$$s(s-1)(s+5)+10=0$$

即

$$s^3+4s^2-5s+10=0$$

其系数不同号,不满足系统稳定的必要条件,故系统不稳定。

(2) 系统闭环特征方程为

$$s(s-1)(2s+3)+10(s+1)=0$$

即

$$2s^3+s^2+7s+10=0$$

因为 $1\times7<2\times10$,所以系统不稳定。

5-18 某系统的开环传递函数为 $G(s)=\frac{K}{s^3+12s^2+20s}$,求使系统闭环后稳定的 K 值范围。

解:系统闭环特征方程为

$$s^3+12s^2+20s+K=0$$

解

$$\begin{cases}K>0\\12\times20>1\times K\end{cases}$$

得 $0<K<240$,即为所求。

5-19 设系统的闭环传递函数为 $\frac{X_o(s)}{X_i(s)}=\frac{s+K}{s^3+2s^2+4s+K}$,试确定系统稳定的 K 值范围。

解:系统闭环特征方程为

$$s^3+2s^2+4s+K=0$$

解

$$\begin{cases}K>0\\2\times4>1\times K\end{cases}$$

得 $0<K<8$,即为所求。

5-20 设单位反馈系统的开环传递函数为 $G(s)=\frac{K}{s(s+5)(s+1)}$,确定系统稳定的 K 值范围。

解:系统闭环特征方程为

$$s(s+5)(s+1)+K=0$$

即

$$s^3+6s^2+5s+K=0$$

解

$$\begin{cases} K>0 \\ 6\times 5>1\times K \end{cases}$$

得 $0<K<30$,即为所求。

5-21 设两个系统,其开环传递函数的乃氏图分别示于图 5.14(a)、(b),试确定系统的稳定性。

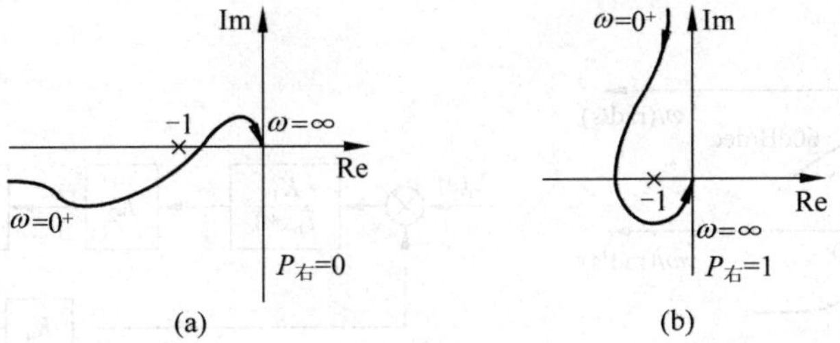

图 5.14

解:(a) 该系统的开环传递函数可表示为

$$G_a(s)=\frac{K(\tau_1 s+1)\cdots(\tau_m s+1)}{s^2(T_1 s+1)\cdots(T_n s+1)},\quad n=m+1$$

其中,$K>0,\tau_i\geqslant 0,T_i\geqslant 0$。原点根数 $q=2$,右根 $P_{右}=0$。则乃氏曲线相对$(-1,j0)$点的角增量为 $2\times\frac{\pi}{2}=\pi$ 时系统稳定,由图 5.14(a)可见

$$\Delta\arg[G_a(j\omega)]=\pi$$

所以系统是稳定的。

(b) 该系统开环传递函数可表示为

$$G_b(s)=\frac{K(\tau_1 s+1)\cdots(\tau_m s+1)}{s(T_1 s-1)(T_2 s+1)\cdots(T_n s+1)},\quad n=m$$

其中,$K>0,\tau_i>0,1\leqslant i\leqslant m,T_j>0,1\leqslant j\leqslant n$。原点根数 $q=1$,右根 $P_{右}=1$。则乃氏曲线相对$(-1,j0)$点的角增量为 $\pi+\frac{\pi}{2}=\frac{3\pi}{2}$时系统稳定,由图 5.14(b)可见

$$\Delta\arg[G_b(j\omega)]=\frac{3\pi}{2}$$

所以系统是稳定的。

5-22 设系统的开环传递函数为 $G(s)=\frac{10}{s(s+1)(s+10)}$,试画出其伯德图,并确定系统是否稳定。

解:$G(s)H(s)=\frac{10}{s(s+1)(s+10)}$

$$=\frac{1}{s(s+1)\left(\frac{1}{10}s+1\right)}$$

其伯德图如图5.15所示，由图可见

$$\omega_c=1\ \mathrm{rad/s}$$

$$\gamma=180°+\angle G(\mathrm{j}\omega_c)H(\mathrm{j}\omega_c)>0$$

因此系统稳定。

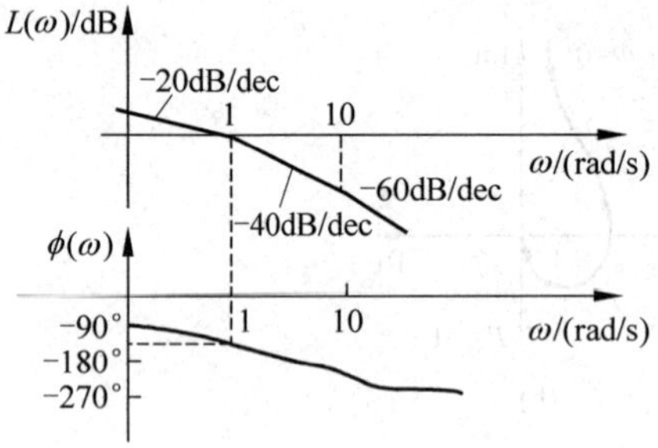

图 5.15

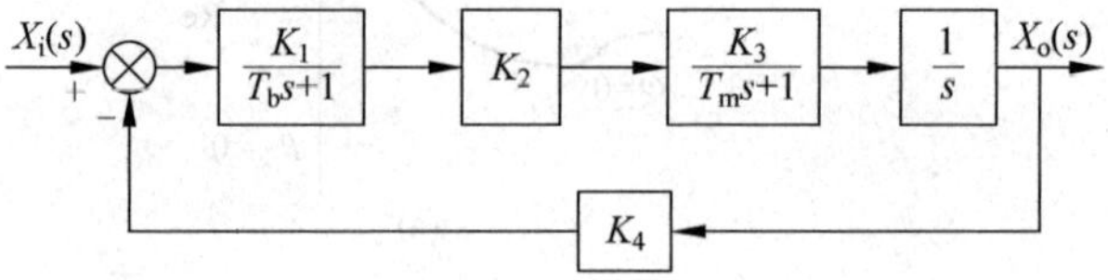

图 5.16

5-23 试确定图5.16所示系统的稳定条件。

解：

$$\frac{X_o(s)}{X_i(s)}=\frac{\frac{K_1}{T_b s+1}K_2\frac{K_3}{T_m s+1}\frac{1}{s}}{1+\frac{K_1}{T_b s+1}K_2\frac{K_3}{T_m s+1}\frac{1}{s}K_4}$$

$$=\frac{K_1K_2K_3}{T_bT_ms^3+(T_b+T_m)s^2+s+K_1K_2K_3K_4}$$

欲使系统稳定，须满足

$$\begin{cases}T_bT_m>0\\T_b+T_m>0\\K_1K_2K_3K_4>0\\T_b+T_m>T_bT_mK_1K_2K_3K_4\end{cases}$$

即

$$\begin{cases}T_b>0\\T_m>0\\\frac{1}{T_m}+\frac{1}{T_b}>K_1K_2K_3K_4>0\end{cases}$$

5-24 试确定图5.17所示系统的稳定条件。

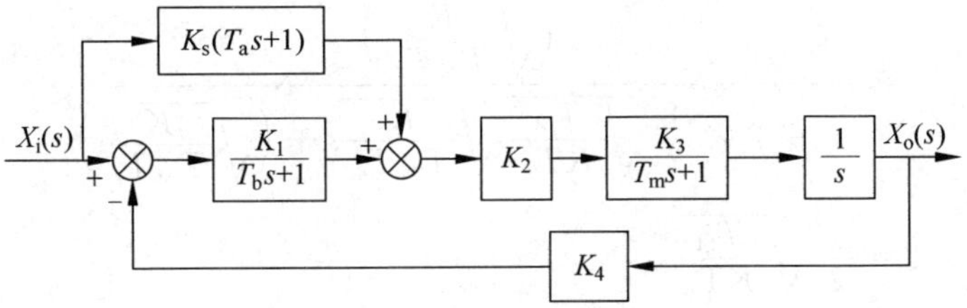

图 5.17

解：

$$\frac{X_o(s)}{X_i(s)}=\frac{\left[K_s(T_as+1)+\frac{K_1}{T_bs+1}\right]K_2\frac{K_3}{T_ms+1}\frac{1}{s}}{1+\frac{K_1}{T_bs+1}K_2\frac{K_3}{T_ms+1}\frac{1}{s}K_4}$$

$$=\frac{[K_s(T_as+1)(T_bs+1)+K_1]K_2K_3}{T_bT_ms^3+(T_b+T_m)s^2+s+K_1K_2K_3K_4}$$

其特征方程与题 5-23 所示系统相同，故该系统稳定条件也为

$$\begin{cases}T_b>0\\T_m>0\\\frac{1}{T_m}+\frac{1}{T_b}>K_1K_2K_3K_4>0\end{cases}$$

5-25 试判别图 5.18 所示系统的稳定性。

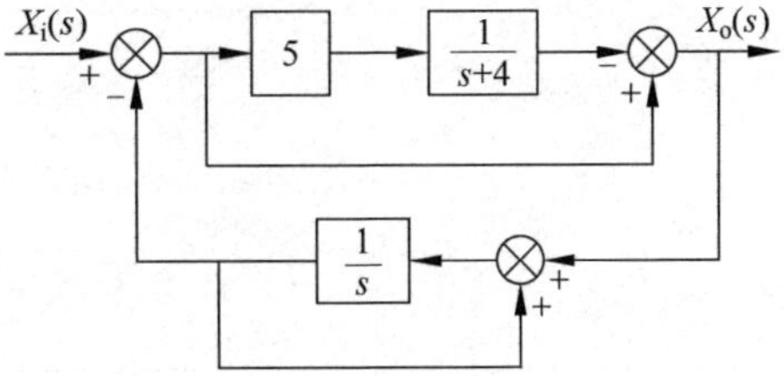

图 5.18

解：

$$\frac{X_o(s)}{X_i(s)}=\frac{1-\frac{5}{s+4}}{1+\left(1-\frac{5}{s+4}\right)\frac{\frac{1}{s}}{1-\frac{1}{s}}}$$

$$=\frac{(s-1)^2}{(s+5)(s-1)}$$

因此该系统不稳定。

5-26 随动系统的微分方程如下：

$$T_MT_a\ddot{x}_o(t)+T_m\dot{x}_o(t)+Kx_o(t)=Kx_i(t)$$

式中，T_M 为电动机机电时间常数；T_a 为电动机电磁时间常数；K 为系统开环放大倍数。

(1) 试讨论 T_a、T_M 与 K 之间的关系对系统稳定性的影响。

(2) $T_a=0.01$，$T_M=0.1$，$K=500$ 时是否可以忽略 T_a 的影响？为什么？在什么情况下可以忽略 T_a 的影响？

解：(1) 依题意，有

$$\frac{X_o(s)}{X_i(s)}=\frac{K}{T_MT_as^2+T_Ms+K}$$

$$=\frac{\left(\sqrt{\frac{K}{T_M T_a}}\right)^2}{s^2+2\times\frac{1}{2}\sqrt{\frac{T_M}{KT_a}}\sqrt{\frac{K}{T_M T_a}}s+\left(\sqrt{\frac{K}{T_M T_a}}\right)^2}$$

$$\zeta=\frac{1}{2}\sqrt{\frac{T_M}{KT_a}}$$

当 T_M 减小，T_a 和 K 增大时，ζ 减小，系统稳定裕量减小，相对稳定性变差。

(2) 当 $T_M \gg KT_a$ 时

$$\frac{X_o(s)}{X_i(s)}=\frac{K}{T_M T_a s^2+T_M s+K}\approx\frac{K}{T_M T_a s^2+(T_M+KT_a)s+K}$$

$$=\frac{K}{(T_M s+K)(T_a s+1)}=\frac{1}{\left(\frac{T_M}{K}s+1\right)(T_a s+1)}$$

$$\approx\frac{1}{\left(\frac{T_M}{K}s+1\right)}=\frac{K}{T_M s+K}$$

故当 $T_M \gg KT_a$ 时，可以忽略 T_a 的影响。

当 $T_a=0.01$，$T_M=0.1$，$K=500$ 时不满足 $T_M \gg KT_a$ 的条件，故不能忽略 T_a 的影响。

6 控制系统的误差分析和计算

本章要求了解误差的概念，掌握稳态误差的计算方法以及减小或消除稳态误差的措施，并对动态误差做一般了解。

6-1 试求单位反馈系统的静态位置、速度、加速度误差系数及其稳态误差。设输入信号为单位阶跃、单位斜坡和单位加速度，其系统开环传递函数分别如下：

(1) $G(s)=\dfrac{50}{(0.1s+1)(2s+1)}$；　(2) $G(s)=\dfrac{K}{s(0.1s+1)(0.5s+1)}$；

(3) $G(s)=\dfrac{K}{s(s^2+4s+200)}$；　(4) $G(s)=\dfrac{K(2s+1)(4s+1)}{s^2(s^2+2s+10)}$。

解：(1) $K_p=\lim\limits_{s\to 0}G(s)H(s)=\lim\limits_{s\to 0}\dfrac{50}{(0.1s+1)(2s+1)}=50$

$$K_v=\lim_{s\to 0}sG(s)H(s)=\lim_{s\to 0}s\frac{50}{(0.1s+1)(2s+1)}=0$$

$$K_a=\lim_{s\to 0}s^2G(s)H(s)=\lim_{s\to 0}s^2\frac{50}{(0.1s+1)(2s+1)}=0$$

当 $x_i(t)=1(t)$ 时，$e_{s1}=\dfrac{1}{1+K_p}=\dfrac{1}{51}$

当 $x_i(t)=t\cdot 1(t)$ 时，$e_{s2}=\dfrac{1}{K_v}=\infty$

当 $x_i(t)=\dfrac{t^2}{2}\cdot 1(t)$ 时，$e_{s3}=\dfrac{1}{K_a}=\infty$

(2) $K_p=\lim\limits_{s\to 0}G(s)H(s)=\lim\limits_{s\to 0}\dfrac{K}{s(0.1s+1)(0.5s+1)}=\infty$

$$K_v=\lim_{s\to 0}sG(s)H(s)=\lim_{s\to 0}s\frac{K}{s(0.1s+1)(0.5s+1)}=K$$

$$K_a=\lim_{s\to 0}s^2\frac{K}{s(0.1s+1)(0.5s+1)}=0$$

当 $x_i(t)=1(t)$ 时，$e_{s1}=\dfrac{1}{1+K_p}=0$

当 $x_i(t)=t\cdot 1(t)$ 时，$e_{s2}=\dfrac{1}{K_v}=\dfrac{1}{K}$

当 $x_i(t)=\dfrac{t^2}{2}\cdot 1(t)$ 时，$e_{s3}=\dfrac{1}{K_a}=\infty$

(3) $K_p=\lim\limits_{s\to 0}G(s)H(s)=\lim\limits_{s\to 0}\dfrac{K}{s(s^2+4s+200)}=\infty$

$K_v=\lim\limits_{s\to 0}sG(s)H(s)=\lim\limits_{s\to 0}s\dfrac{K}{s(s^2+4s+200)}=\dfrac{K}{200}$

$K_a=\lim\limits_{s\to 0}s^2G(s)H(s)=\lim\limits_{s\to 0}s^2\dfrac{K}{s(s^2+4s+200)}=0$

当 $x_i(t)=1(t)$ 时，$e_{s1}=\dfrac{1}{1+K_p}=0$

当 $x_i(t)=t\cdot 1(t)$ 时，$e_{s2}=\dfrac{1}{K_v}=\dfrac{200}{K}$

当 $x_i(t)=\dfrac{t^2}{2}\cdot 1(t)$ 时，$e_{s3}=\dfrac{1}{K_a}=\infty$

(4) $K_p=\lim\limits_{s\to 0}G(s)H(s)=\lim\limits_{s\to 0}\dfrac{K(2s+1)(4s+1)}{s^2(s^2+2s+10)}=\infty$

$K_v=\lim\limits_{s\to 0}sG(s)H(s)=\lim\limits_{s\to 0}s\dfrac{K(2s+1)(4s+1)}{s^2(s^2+2s+10)}=\infty$

$K_a=\lim\limits_{s\to 0}s^2G(s)H(s)=\lim\limits_{s\to 0}s^2\dfrac{K(2s+1)(4s+1)}{s^2(s^2+2s+10)}=\dfrac{K}{10}$

当 $x_i(t)=1(t)$ 时，$e_{s1}=\dfrac{1}{1+K_p}=0$

当 $x_i(t)=t\cdot 1(t)$ 时，$e_{s2}=\dfrac{1}{K_v}=0$

当 $x_i(t)=\dfrac{t^2}{2}\cdot 1(t)$ 时，$e_{s3}=\dfrac{1}{K_a}=\dfrac{10}{K}$

6-2 设单位反馈系统的开环传递函数为 $G(s)=\dfrac{500}{s(0.1s+1)}$，试求系统的误差级数。当下列输入时，求其稳态误差。

(1) $x_i(t)=\dfrac{t^2}{2}\cdot 1(t)$；

(2) $x_i(t)=(1+2t+2t^2)\cdot 1(t)$。

解： $\dfrac{E(s)}{X_i(s)}=\dfrac{1}{1+\dfrac{500}{s(0.1s+1)}}=\dfrac{s+0.1s^2}{500+s+0.1s^2}$

$$=0.002s+0.000\,196s^2-0.000\,000\,792s^3+\cdots$$

$$E(s)=(0.002s+0.000\,196s^2-0.000\,000\,792s^3+\cdots)X_i(s)$$

（1）已知 $x_i(t)=\dfrac{t^2}{2}\cdot 1(t)$

则

$$\dot{x}_i(t)=t\cdot 1(t)$$

$$\ddot{x}_i(t)=1(t)$$

$$x_i^{(j)}(t)=0,\quad j=3,4,5,\cdots$$

所以

$$\begin{aligned} e_s &= 0.002\dot{x}_i(t)+0.000\,196\ddot{x}_i(t)-0.000\,000\,792\dddot{x}_i(t)+\cdots \\ &= (0.002t+0.000\,196)\cdot 1(t) \end{aligned}$$

$$e_{ss}=\infty$$

（2）已知 $x_i(t)=(1+2t+2t^2)\cdot 1(t)$

则

$$\dot{x}_i(t)=(2+4t)\cdot 1(t)$$

$$\ddot{x}_i(t)=4\cdot 1(t)$$

$$x_i^{(j)}(t)=0,\quad j=3,4,5,\cdots$$

所以

$$\begin{aligned} e_s &= 0.002\dot{x}_i(t)+0.000\,196\ddot{x}_i(t)-0.000\,000\,792\dddot{x}_i(t)+\cdots \\ &= 0.002(2+4t)\cdot 1(t)+0.000\,196\times 4\cdot 1(t) \\ &= (0.008t+0.004\,784)\cdot 1(t) \end{aligned}$$

$$e_{ss}=\infty$$

6-3 某单位反馈系统闭环传递函数为$\dfrac{X_o(s)}{X_i(s)}=\dfrac{a_{n-1}s+a_n}{s^n+a_1s^{n-1}+\cdots+a_{n-1}s+a_n}$，试证明该系统对斜坡输入的响应的稳态误差为零。

解：已知 $x_i(t)=At\cdot 1(t)$， $A=$常数

则

$$X_i(s)=\frac{A}{s^2}$$

$$\begin{aligned} E(s) &= X_i(s)-X_o(s)=X_i(s)\left[1-\frac{X_o(s)}{X_i(s)}\right] \\ &= \frac{A}{s^2}\left[1-\frac{a_{n-1}s+a_n}{s^n+a_1s^{n-1}+\cdots+a_{n-1}s+a_n}\right] \\ &= \frac{A(s^{n-2}+a_1s^{n-3}+\cdots+a_{n-2})}{s^n+a_1s^{n-1}+\cdots+a_{n-1}s+a_n} \end{aligned}$$

所以

$$e_{ss}=\lim_{s\to 0}sE(s)$$
$$=\lim_{s\to 0}s\,\frac{A(s^{n-2}+a_1s^{n-3}+\cdots+a_{n-2})}{s^n+a_1s^{n-1}+\cdots+a_{n-1}s+a_n}=0$$

6-4 对于图6.1所示的系统，试求$N(t)=2\cdot 1(t)$时系统的稳态误差。当$x_i(t)=t\cdot 1(t)$，$n(t)=-2\cdot 1(t)$时，其稳态误差又是多少？

解：系统阻尼比大于0，系统稳定。

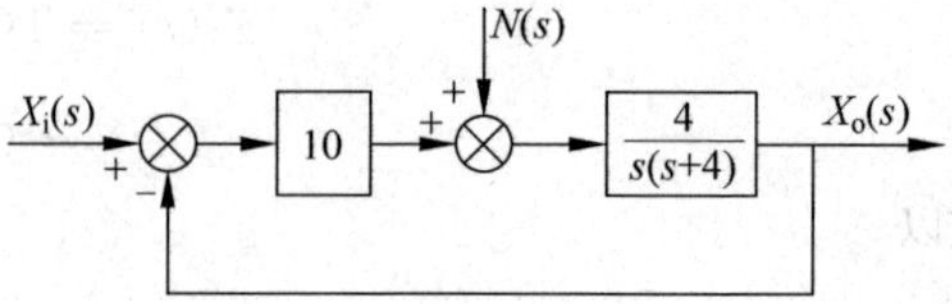

图 6.1

(1) $$\frac{E_N(s)}{N(s)}=\frac{-\dfrac{4}{s(s+4)}}{1+\dfrac{4}{s(s+4)}\cdot 10}=\frac{-4}{s^2+4s+40}$$

$$n(t)=2\cdot 1(t)$$

则

$$N(s)=\frac{2}{s}$$

所以

$$e_N(\infty)=\lim_{s\to 0}sE_N(s)=\lim_{s\to 0}s\,\frac{-4}{s^2+4s+40}\,\frac{2}{s}=-0.2$$

(2) $$\frac{E_{X_i}(s)}{X_i(s)}=\frac{1}{1+\dfrac{4}{s(s+4)}\cdot 10}=\frac{s(s+4)}{s^2+4s+40}$$

$$x_i(t)=t\cdot 1(t)$$

则

$$X_i(s)=\frac{1}{s^2}$$
$$n(t)=-2\cdot 1(t)$$

则

$$N(s)=\frac{-2}{s}$$

所以

$$e(\infty)=e_N(\infty)+e_{X_i}(\infty)=\lim_{s\to 0}sE_N(s)+\lim_{s\to 0}sE_{X_i}(s)$$
$$=\lim_{s\to 0}s\left[\frac{E_N(s)}{N(s)}N(s)+\frac{E_{X_i}(s)}{X_i(s)}X_i(s)\right]$$
$$=\lim_{s\to 0}s\left[\frac{-4}{s^2+4s+40}\,\frac{-2}{s}+\frac{s(s+4)}{s^2+4s+40}\,\frac{1}{s^2}\right]$$
$$=0.3$$

6-5 试求下列单位反馈系统的动态速度误差系数：

(1) $\dfrac{X_o(s)}{X_i(s)}=\dfrac{10}{(s+1)(5s^2+2s+10)}$； (2) $\dfrac{X_o(s)}{X_i(s)}=\dfrac{3s+10}{5s^2+2s+10}$。

解：(1) $\dfrac{E(s)}{X_i(s)}=\dfrac{X_i(s)-X_o(s)}{X_i(s)}=1-\dfrac{X_o(s)}{X_i(s)}=1-\dfrac{10}{(s+1)(5s^2+2s+10)}$

$$=\frac{12s+7s^2+5s^3}{10+12s+7s^2+5s^3}=1.2s-7.4s^2+\cdots$$

所以

$$K_v=\frac{1}{1.2}=\frac{5}{6}$$

(2) $\dfrac{E(s)}{X_i(s)}=\dfrac{X_i(s)-X_o(s)}{X_i(s)}=1-\dfrac{X_o(s)}{X_i(s)}=1-\dfrac{3s+10}{5s^2+2s+10}$

$$=\frac{-s+5s^2}{10+2s+5s^2}=-0.1s+0.52s^2+\cdots$$

所以

$$K_v=\frac{1}{-0.1}=-10$$

6-6 某单位反馈控制系统的开环传递函数为 $G(s)=\dfrac{100}{s(0.1s+1)}$，试求当输入为 $x_i(t)=(1+t+at^2)\cdot 1(t)\ (a\geqslant 0)$ 时的稳态误差。

解：阻尼比大于0，系统稳定。

$$\frac{E(s)}{X_i(s)}=\frac{1}{1+G(s)}=\frac{1}{1+\dfrac{100}{s(0.1s+1)}}=\frac{s(0.1s+1)}{0.1s^2+s+100}$$

$$x_i(t)=(1+t+at^2)\cdot 1(t)$$

则

$$X_i(s)=\frac{1}{s}+\frac{1}{s^2}+\frac{2a}{s^3}=\frac{s^2+s+2a}{s^3}$$

$$E(s)=\frac{E(s)}{X_i(s)}X_i(s)=\frac{s(0.1s+1)}{0.1s^2+s+100}\ \frac{s^2+s+2a}{s^3}$$

$$=\frac{0.1s^3+1.1s^2+(1+0.2a)s+2a}{s^2(0.1s^2+s+100)}$$

所以

$$e_s(\infty)=\lim_{s\to 0}sE(s)=\lim_{s\to 0}s\ \frac{0.1s^3+1.1s^2+(1+0.2a)s+2a}{s^2(0.1s^2+s+100)}$$

当 $a>0$ 时，$e_{ss}=\infty$；当 $a=0$ 时，$e_{ss}=0.01$。

6-7 某单位反馈系统的开环传递函数为 $G(s)=\dfrac{10}{s(0.1s+1)}$。

(1) 试求静态误差系数;

(2) 当输入为 $x_i(t)=\left(a_0+a_1t+\frac{a_2}{2}t^2\right)\cdot 1(t)$ 时,试求系统稳态误差。

解:阻尼比大于0,系统稳定。

(1) $K_p=\lim\limits_{s\to 0}\frac{10}{s(0.1s+1)}=\infty$

$$K_v=\lim_{s\to 0}s\frac{10}{s(0.1s+1)}=10$$

$$K_a=\lim_{s\to 0}s^2\frac{10}{s(0.1s+1)}=0$$

(2) $x_i(t)=a_0+a_1t+\frac{a_2}{2}t^2$

则当 $a_2\neq 0$ 时

$$e_s(\infty)=\frac{a_0}{1+K_p}+\frac{a_1}{K_v}+\frac{a_2}{K_a}=\infty$$

当 $a_2=0,a_1\neq 0$ 时

$$e_s(\infty)=\frac{a_0}{1+K_p}+\frac{a_1}{K_v}=\frac{a_1}{10}$$

当 $a_2=0,a_1=0$ 时

$$e_s(\infty)=\frac{a_0}{1+K_p}=0$$

6-8 对于如图6.2所示系统,试求:

(1) 系统在单位阶跃信号作用下的稳态误差;

(2) 系统在单位斜坡作用下的稳态误差;

(3) 讨论 K_h 和 K 对 e_{ss} 的影响。

解:
$$\frac{E(s)}{X_i(s)}=\frac{1+\frac{K}{Js+F}K_h}{1+\frac{K}{Js+F}K_h+\frac{K}{Js+F}\frac{1}{s}}$$

$$=\frac{s(Js+F+KK_h)}{Js^2+(F+KK_h)s+K},\quad K>0,J>0,F+KK_h>0$$

系统稳定。

(1) $x_i(t)=1(t)$

$$X_i(s)=\frac{1}{s}$$

$$e_{s1}(\infty)=\lim_{s\to 0}sE(s)=\lim_{s\to 0}s\frac{E(s)}{X_i(s)}X_i(s)=\lim s\frac{s(Js+F+KK_h)}{Js^2+(F+KK_h)s+K}\frac{1}{s}=0$$

(2) $x_i(t)=t\cdot 1(t)$

$$X_i(s)=\frac{1}{s^2}$$

$$e_{s2}(\infty)=\lim_{s\to 0}sE(s)=\lim_{s\to 0}s\frac{E(s)}{X_i(s)}X_i(s)=\lim_{s\to 0}s\frac{s(Js+F+KK_h)}{Js^2+(F+KK_h)s+K}\frac{1}{s^2}$$
$$=\frac{F+KK_h}{K}$$

(3) 由(1)的结果可知，改变 K_h 和 K 不影响 $e_{s1}(\infty)$的结果；由(2)的结果可知

$$e_{s2}(\infty)=\frac{F}{K}+K_h$$

当 $K>0,K_h>0,F>0$ 时，K 增大，则 $e_{s2}(\infty)$减小；K_h 增大，则 $e_{s2}(\infty)$增大。

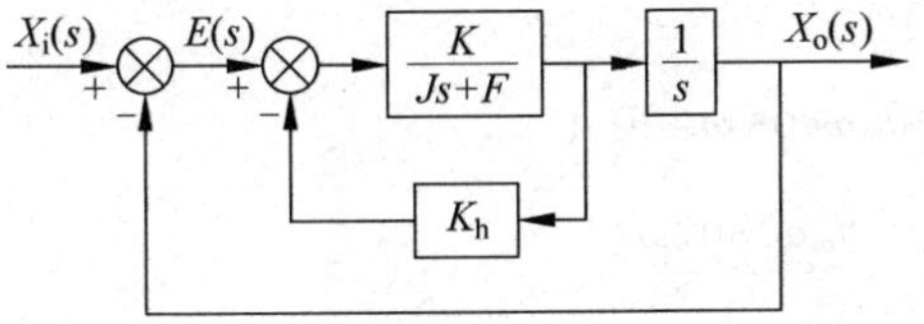

图 6.2

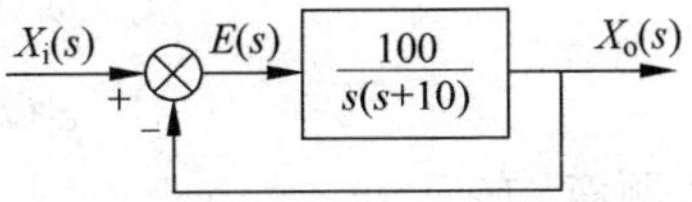

图 6.3

6-9 如图 6.3 所示的稳定系统，当 $x_i(t)=(10+2t)\cdot 1(t)$时，试求系统的稳态误差。当 $x_i(t)=\sin 6t$ 时，试求稳态时误差的幅值。

解：$$\frac{E(s)}{X_i(s)}=\frac{1}{1+\frac{100}{s(s+10)}}=\frac{s(s+10)}{s^2+10s+100}$$

(1) $x_{i1}(t)=(10+2t)\cdot 1(t)$

$$X_{i1}(s)=\frac{10}{s}+\frac{2}{s^2}$$

$$E_1(s)=\frac{E_1(s)}{X_{i1}(s)}X_{i1}(s)=\frac{s(s+10)}{s^2+10s+100}\left(\frac{10}{s}+\frac{2}{s^2}\right)=\frac{(s+10)(10s+2)}{s(s^2+10s+100)}$$

$$e_{ss1}=\lim_{s\to 0}sE_1(s)=\lim_{s\to 0}s\frac{(s+10)(10s+2)}{s(s^2+10s+100)}=0.2$$

(2) $$\left|\frac{E(j\omega)}{X_i(j\omega)}\right|=\frac{\omega\sqrt{\omega^2+10^2}}{\sqrt{(100-\omega^2)^2+(10\omega)^2}}$$

$$\left|\frac{E(j6)}{X_i(j6)}\right|=\frac{6\sqrt{6^2+10^2}}{\sqrt{(100-6^2)^2+(10\times 6)^2}}\approx 0.80$$

所以，当 $x_{i2}(t)=\sin 6t\cdot 1(t)$时，$|e_{ss2}|=0.80$。

6-10 某系统如图 6.4 所示，当 $\theta_i(t)=[10°+60°t(1+t)]\cdot 1(t)$时，试求系统的稳态误差。

解：系统特征多项式为 $s^2(s+1)+400(0.3s+1)$，即

$$s^3+s^2+120s+400$$

因为 $1\times120<1\times400$，根据劳斯稳定性判据，系统不稳定，故误差为无穷大。

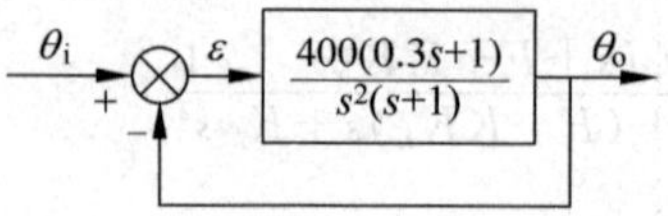

图 6.4

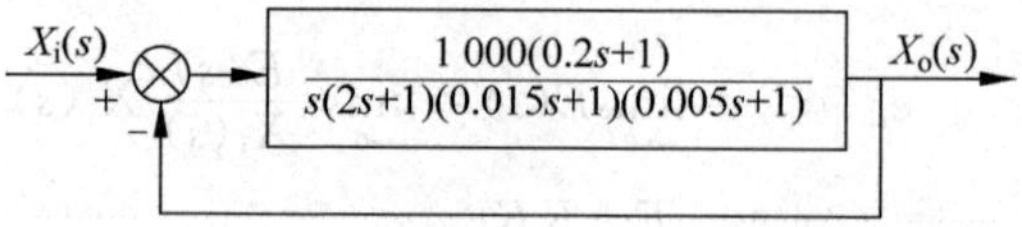

图 6.5

6-11 某随动系统如图 6.5 所示，$x_i(t)=\theta_m\sin(\omega t)$，其最大角速度 $\omega_m=0.5\text{rad/s}$，最大角加速度 $\varepsilon_m=1\text{rad/s}^2$。试求其稳态时误差的幅值。

解：$\theta_i(t)=\theta_m\sin\omega t$

则

$$\omega_i(t)=\dot{\theta}_i(t)=\theta_m\omega\cos\omega t$$

$$\varepsilon_i(t)=\dot{\omega}_i(t)=-\theta_m\omega^2\sin\omega t$$

依题意，有

$$\begin{cases}\theta_m\omega=0.5\\ \theta_m\omega^2=1\end{cases}$$

解得

$$\begin{cases}\omega=2\text{rad/s}\\ \theta_m=0.25\text{rad}\end{cases}$$

则

$$\theta_i(t)=0.25\sin 2t$$

$$\frac{E(s)}{\theta_i(s)}=\frac{1}{1+\dfrac{1000(0.2s+1)}{s(2s+1)(0.015s+1)(0.005s+1)}}$$

$$=\frac{s(2s+1)(0.015s+1)(0.005s+1)}{1.5\times10^{-4}s^4+4.0075\times10^{-2}s^3+2.02s^2+201s+1000}$$

$$\left|\frac{E(j\omega)}{\theta_i(j\omega)}\right|=\frac{\omega\sqrt{(2\omega)^2+1}\sqrt{(0.015\omega)^2+1}\sqrt{(0.005\omega)^2+1}}{\sqrt{(1.5\times10^{-4}\omega^4-2.02\omega^2+1000)^2+(201\omega-4.0075\times10^{-2}\omega^3)^2}}$$

$$|E(j2)|=\left|\frac{E(j2)}{\theta_i(j2)}\right||\theta_i(j2)|$$

$$=\frac{2\sqrt{(2\times2)^2+1}\sqrt{(0.015\times2)^2+1}\sqrt{(0.005\times2)^2+1}}{\sqrt{(1.5\times10^{-4}\times2^4-2.02\times2^2+1000)^2+(201\times2-4.0075\times10^{-2}\times2^3)^2}}\times0.25$$

$$=2.08\times10^{-3}(\text{rad})$$

此即为稳态时误差的幅值。

6-12 设计一个稳定度小于1%的稳压电源，画出其原理线路图和函数方块图，并说明能够达到要求的条件。

解：其原理线路图如图 6.6(a)所示，其函数方块图如图 6.6(b)所示。

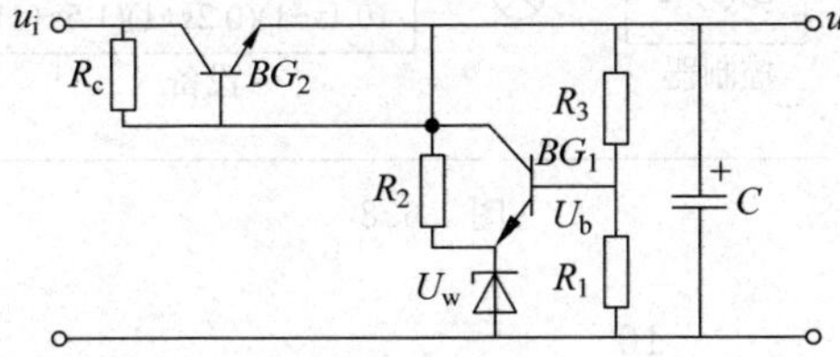

(a)

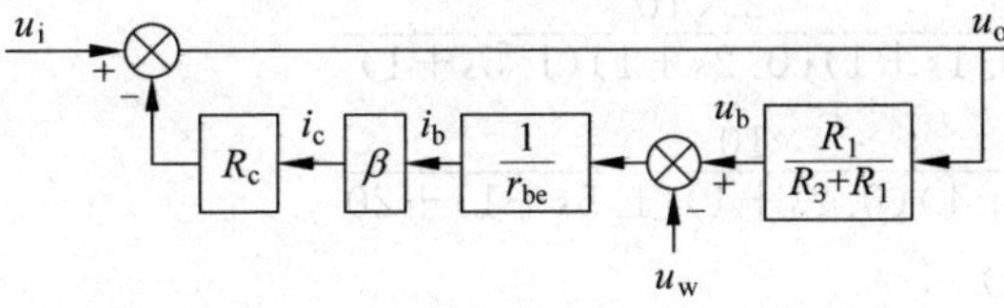

(b)

图 6.6

设稳压管的稳压精度大大高于 1%，则欲使稳定度<1%，需满足

$$\beta\frac{R_c}{r_{be}}\frac{R_1}{R_3+R_1}>100$$

6-13 某系统如图 6.7 所示。

(1) 试求静态误差系数；

(2) 当速度输入为 5rad/s 时，试求稳态速度误差。

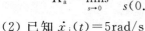

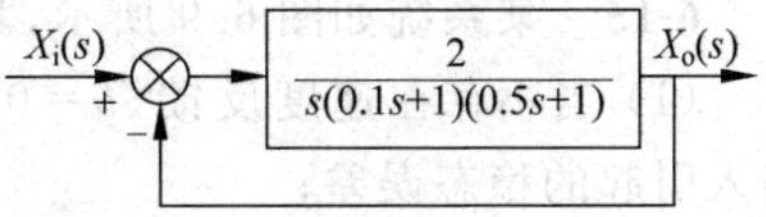

图 6.7

解：(1) $K_p=\lim\limits_{s\to0}\frac{2}{s(0.1s+1)(0.5s+1)}=\infty$

$$K_v=\lim_{s\to0}s\frac{2}{s(0.1s+1)(0.5s+1)}=2$$

$$K_a=\lim_{s\to0}s^2\frac{2}{s(0.1s+1)(0.5s+1)}=0$$

(2) 已知 $\dot{x}_i(t)=5\text{rad/s}$

则

$$x_i(t)=5t(\text{rad})$$

设系统稳态速度误差为 e_{ss}，则

$$e_{ss}=\frac{5}{K_v}=\frac{5}{2}=2.5(\text{rad})$$

6-14 某系统如图 6.8 所示。其中，$U(s)$是加到设备的外来信号。试求 $U(s)$为阶跃信号 0.1 单位下的稳态误差。

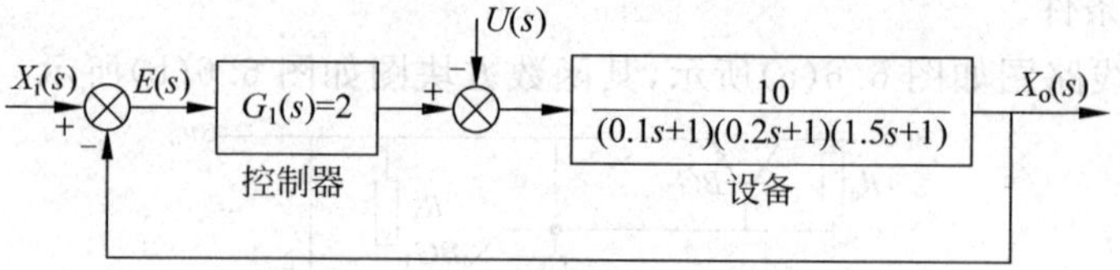

图 6.8

解：$$\frac{E(s)}{U(s)}=\frac{\dfrac{10}{(0.1s+1)(0.2s+1)(1.5s+1)}}{1+\dfrac{2\times10}{(0.1s+1)(0.2s+1)(1.5s+1)}}$$

$$=\frac{10}{(0.1s+1)(0.2s+1)(1.5s+1)+20}$$

$$u(t)=0.1\cdot 1(t)$$

$$U(s)=\frac{0.1}{s}$$

所以

$$e_{ss}=\lim_{s\to0}sE(s)=\lim_{s\to0}s\frac{E(s)}{U(s)}U(s)=\lim_{s\to0}s\left(\frac{10}{(0.1s+1)(0.2s+1)(1.5s+1)+20}\right)\frac{0.1}{s}$$

$$=\frac{1}{21}$$

6-15 某系统如图6.9所示，其中b为速度反馈系数。

(1) 当不存在速度反馈($b=0$)时，试求单位斜坡输入引起的稳态误差；

(2) 当$b=0.15$时，试求单位斜坡输入引起的稳态误差。

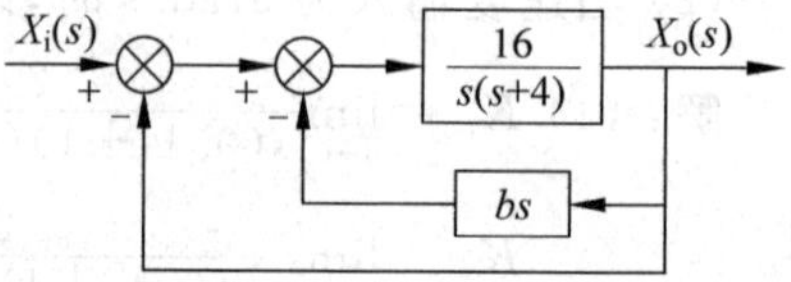

图 6.9

解：(1) $$\frac{E(s)}{X_i(s)}=\frac{1}{1+\dfrac{16}{s(s+4)}}=\frac{s(s+4)}{s(s+4)+16}$$

因为

$$x_i(t)=t\cdot 1(t)$$

所以

$$X_i(s)=\frac{1}{s^2}$$

得

$$E(s)=\frac{E(s)}{X_i(s)}X_i(s)=\frac{s(s+4)}{s(s+4)+16}\ \frac{1}{s^2}=\frac{s+4}{s[s(s+4)+16]}$$

$$e_{ss}=\lim_{s\to0}sE(s)=\lim_{s\to0}s\ \frac{s+4}{s[s(s+4)+16]}=0.25$$

(2) $\dfrac{\dfrac{16}{s(s+4)}}{1+\dfrac{16}{s(s+4)}0.15s}=\dfrac{16}{s(s+6.4)}$

$$\frac{E(s)}{X_i(s)}=\frac{1}{1+\dfrac{16}{s(s+6.4)}}=\frac{s(s+6.4)}{s(s+6.4)+16}$$

所以

$$E(s)=\frac{E(s)}{X_i(s)}X_i(s)=\frac{s(s+6.4)}{s(s+6.4)+16}\frac{1}{s^2}=\frac{s+6.4}{s[s(s+6.4)+16]}$$

得

$$e_{ss}=\lim_{s\to 0}sE(s)=\lim_{s\to 0}s\frac{s+6.4}{s[s(s+6.4)+16]}=0.4$$

6-16 某稳定系统的方块图如图 6.10 所示。

(1) 当输入为 $x_i(t)=(10t)\cdot 1(t)$时，试求其稳态误差；

(2) 当输入为 $x_i(t)=(4+6t+3t^2)\cdot 1(t)$时，试求其稳态误差。

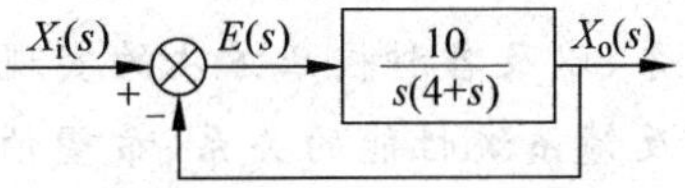

图 6.10

解： $\dfrac{E(s)}{X_i(s)}=\dfrac{1}{1+\dfrac{10}{s(s+4)}}=\dfrac{s(s+4)}{s(s+4)+10}$

(1) $x_i(t)=10t\cdot 1(t)$

则

$$X_i(s)=\frac{10}{s^2}$$

$$e_{ss}=\lim_{s\to 0}sE(s)=\lim_{s\to 0}s\frac{E(s)}{X_i(s)}X_i(s)=\lim_{s\to 0}s\frac{s(s+4)}{s(s+4)+10}\frac{10}{s^2}=4$$

(2) $x_i(t)=(4+6t+3t^2)\cdot 1(t)$

则

$$X_i(s)=\frac{4}{s}+\frac{6}{s^2}+\frac{6}{s^3}$$

$$e_{ss}=\lim_{s\to 0}sE(s)=\lim_{s\to 0}s\frac{E(s)}{X_i(s)}X_i(s)=\lim_{s\to 0}s\frac{s(s+4)}{s(s+4)+10}\left(\frac{4}{s}+\frac{6}{s^2}+\frac{6}{s^3}\right)=\infty$$

7 控制系统的综合与校正

通过本章学习，掌握在预先规定系统性能指标的情况下，通过选择适当的校正环节和参数使系统满足这些要求，因此应掌握系统的时域性能指标、频域性能指标及它们之间的相互关系，以及各种校正方法的实现。本章侧重利用伯德图分析控制系统，要求掌握开环伯德图与反馈系统性能的关系、希望伯德图的确定方法、PID调节器的作用，能够根据希望对数频率特性和系统固有环节对数频率特性确定串联校正装置。

7-1 试画出

$$G(s)=\frac{250}{s(0.1s+1)} \quad 和 \quad G(s)G_c(s)=\frac{250}{s(0.1s+1)}\frac{0.05s+1}{0.0047s+1}$$

的伯德图，分析两种情况下的 ω_c 及相位裕量，从而说明近似比例微分校正的作用。

解：两系统的对数幅频特性如图 7.1 所示。

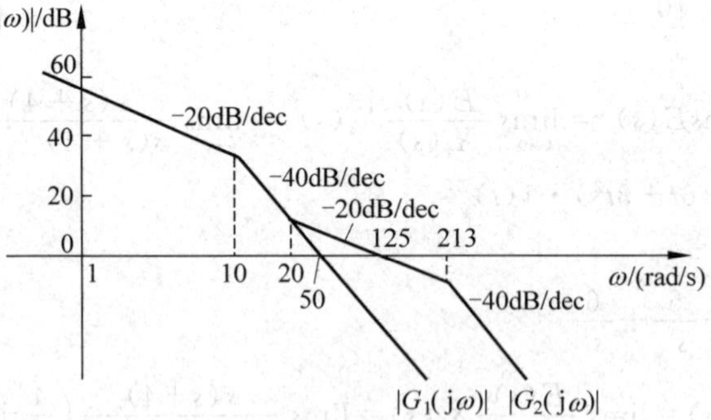

图 7.1

由图 7.1 看出

$$\omega_{c1}\approx 50\ \mathrm{rad/s}$$

$$\omega_{c2}\approx 125\ \mathrm{rad/s}$$

则

$$\gamma_1 = 180° + \angle G_1(j\omega_{c1})$$
$$= 180° - 90° - \arctan(0.1 \times 50) \approx 11.3°$$
$$\gamma_2 = 180° + \angle G_2(j\omega_{c2})$$
$$= 180° - 90° - \arctan(0.1 \times 125) + \arctan(0.05 \times 125)$$
$$- \arctan(0.0047 \times 125) \approx 55.1°$$

系统 2 相当于系统 1 加上近似比例微分校正环节 $G_c(s) = \dfrac{0.05s+1}{0.0047s+1}$，加了比例微分校正后剪切频率 ω_c 增大，故快速性增强；同时相位裕量增大，故稳定性增强。

7-2 试画出

$$G(s) = \frac{300}{s(0.03s+1)(0.047s+1)} \quad 和 \quad G(s)G_c(s) = \frac{300(0.5s+1)}{s(10s+1)(0.03s+1)(0.047s+1)}$$

的伯德图，分析两种情况下的 ω_c 及相位裕量，从而说明近似比例积分校正的作用。

解：两系统的对数幅频特性如图 7.2 所示。

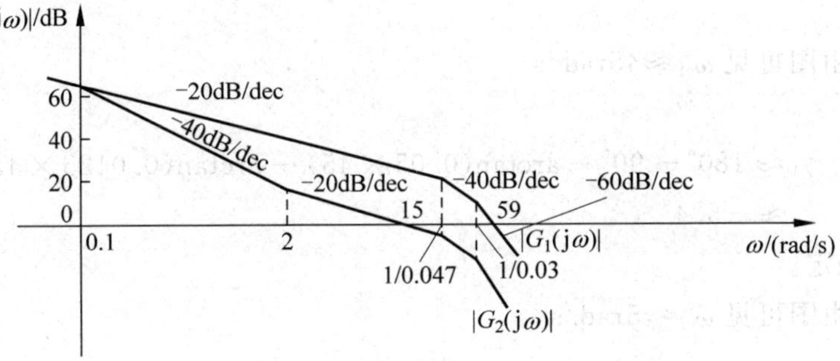

图 7.2

由图看出

$$\omega_{c1} \approx 59 \text{ rad/s}$$
$$\omega_{c2} \approx 15 \text{ rad/s}$$

则

$$\gamma_1 = 180° + \angle G(j\omega_{c1}) \approx 180° - 90° - \arctan(0.03 \times 59) - \arctan(0.047 \times 59)$$
$$\approx -41°$$
$$\gamma_2 = 180° + \angle G(j\omega_{c2}) \approx 180° - 90° - \arctan(10 \times 15) + \arctan(0.5 \times 15)$$
$$- \arctan(0.03 \times 15) - \arctan(0.047 \times 15)$$
$$\approx 23°$$

系统 2 相当于系统 1 加上近似比例积分校正环节 $G_j(s) = \dfrac{0.5s+1}{10s+1}$，加了比例积分校正

后剪切频率 ω_c 减小，相位裕量增大，以降低快速性的代价换取了系统的稳定性。

7-3 某单位反馈系统校正前 $G_o(s)=\dfrac{100}{s(0.05s+1)(0.0125s+1)}$，校正后 $G_o(s)G_j(s)=\dfrac{100(0.5s+1)}{s(10s+1)(0.05s+1)(0.0125s+1)}$，试分别画出其对数幅频特性，标明 ω_c、斜率及转折点坐标值，计算校正前后的相位裕量，并说明其是否稳定。

解：校正前后系统开环对数幅频特性如图 7.3 所示。

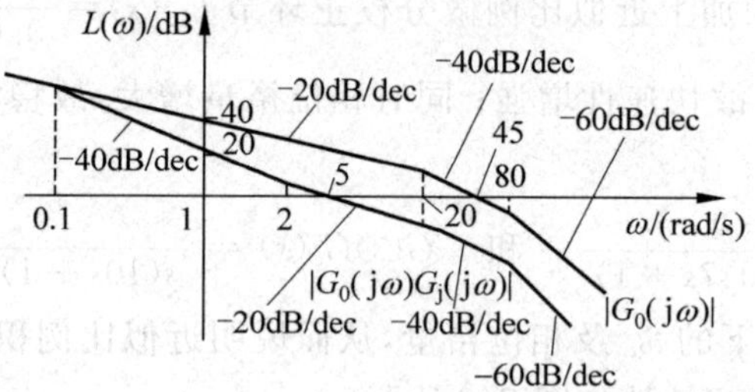

图 7.3

校正前，由图可见 $\omega_{c1}\approx 45\text{rad/s}$

则

$$\gamma_1 \approx 180^\circ - 90^\circ - \arctan(0.05\times 45) - \arctan(0.0125\times 45)$$
$$\approx -5.4^\circ$$

系统不稳定。

校正后，由图可见 $\omega_{c2}\approx 5\text{rad/s}$

则

$$\gamma_2 \approx 180^\circ - 90^\circ + \arctan(0.5\times 5) - \arctan(10\times 5) - \arctan(0.05\times 5) - \arctan(0.0125\times 5)$$
$$\approx 54.5^\circ$$

系统稳定。

7-4 某单位反馈系统的开环传递函数为 $G(s)=\dfrac{K}{s(0.1s+1)(0.01s+1)}$，欲使闭环 $M_r\leqslant 1.5$，K 应为多少？此时剪切频率和稳定裕度各为多少？M_p 和 t_s 各为多少？

解：由 $M_r=\dfrac{1}{\sin\gamma}=1.5$

得

$$\gamma \approx 41.8^\circ$$
$$\gamma = 180^\circ - 90^\circ - \arctan(0.1\omega_c) - \arctan(0.01\omega_c) = 41.8^\circ$$

得

$$\omega_c \approx 9.2\text{rad/s}$$

故 $K \leqslant 9.2$ 即为所求。

此时，$\omega_c = K \leqslant 9.2\text{rad/s}$

$$M_p = [0.16 + 0.4(M_r - 1)] \leqslant [0.16 + 0.4(1.5 - 1)] = 36\%$$

$$k = 2 + 1.5(M_r - 1) + 2.5(M_r - 1)^2 = 2 + 1.5(1.5 - 1) + 2.5(1.5 - 1)^2 = 3.375$$

$$t_s = \frac{k\pi}{\omega_c} \geqslant \frac{3.375\pi}{9.2} \approx 1.15(\text{s})$$

7-5 某角速度控制系统如图 7.4 所示。其中，$\Omega_{sr}(s)$为输入角速度；$\Omega_{sc}(s)$为输出角速度；$M_{cd}(s)$为传动力矩；$M_{gr}(s)$为作用在轴上的阶跃干扰力矩；$\varepsilon(s)$为角速度误差。试设计系统调节器 $G(s)$的传递函数，要求系统在稳态时角速度误差为零。

解：为使系统在稳态时角速度误差为零，需要在干扰作用点前加一个积分器，这样将引起系统不稳定，需加微分作用使相位裕量增大，设

$$G(s) = \frac{K(\tau s + 1)}{s}, \quad \tau > T$$

选择 K 值使系统开环幅频伯德图的 -20 dB/dec 斜率段交 0 dB 线，如图 7.5 所示。

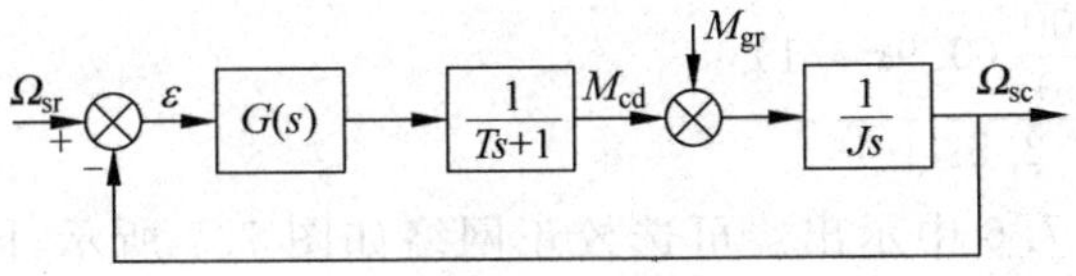

图 7.4

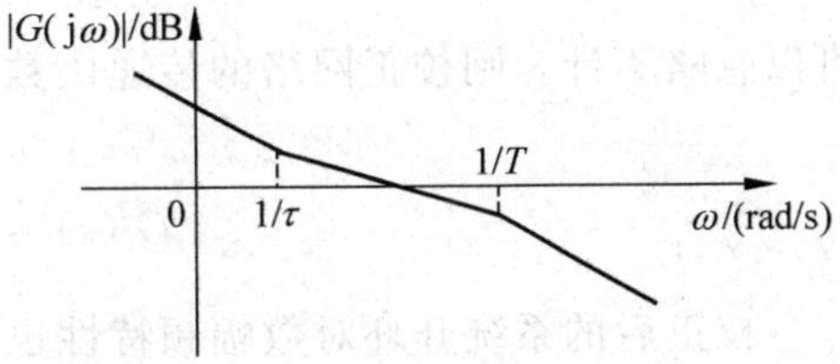

图 7.5

7-6 某系统开环传递函数为 $G_o(s) = \dfrac{360(0.1s+1)}{s(0.9s+1)(0.007s+1)(0.005s+1)}$，要求近似保持上述系统的过渡过程时间和稳定裕度不变，使它的速度误差等于 $\dfrac{1}{1000}$。试设计校正装置。

解：校正前的开环对数幅频特性如图 7.6 所示，其中：

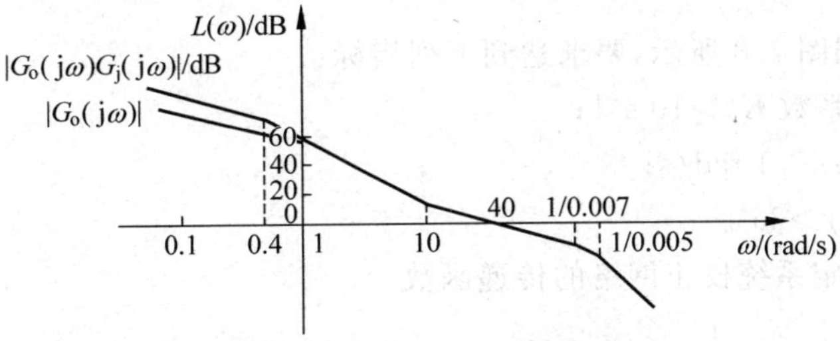

图 7.6

$$\omega_c = 40\text{rad/s}$$

$$\omega_2 = 10\text{rad/s}$$

$$\omega_3 = \frac{1}{0.007}\text{rad/s}$$

$$\omega_4 = \frac{1}{0.005}\text{rad/s}$$

$$\omega_1 = \frac{1}{0.9}\text{rad/s}$$

欲保持系统过渡过程时间和稳定裕度不变,可保持中频段和高频段参数不变;为使速度误差等于$\frac{1}{1000}$,须改变低频段高度,使

$$\omega_1 = \frac{\omega_c\omega_2}{K_v} = \frac{40\times 10}{1000} = 0.4(\text{rad/s})$$

由此引起的相位裕量变化量为

$$\Delta\gamma \approx -\arctan\left(\frac{1}{0.4}\times 10\right) - [-\arctan(0.9\times 40)] \approx 0.7°$$

可以忽略不计。则校正网络的传递函数为

$$G_j(s) = \frac{\frac{1000}{360}(0.9s+1)}{2.5s+1}$$

校正后的系统开环对数幅频特性也在图 7.6 中示出。可选校正网络如图 7.7 所示,同时注意仍然保持系统负反馈。

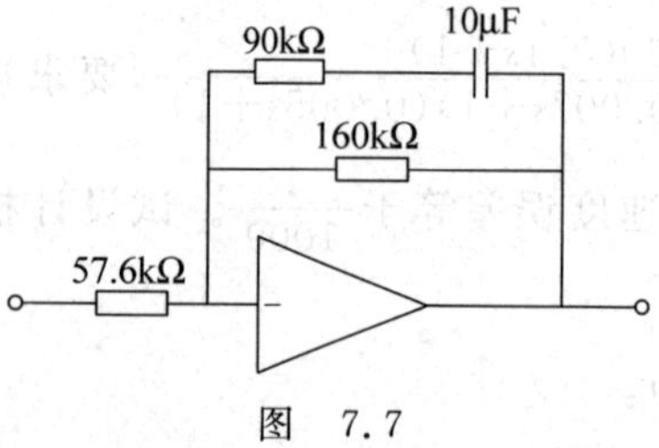

图 7.7

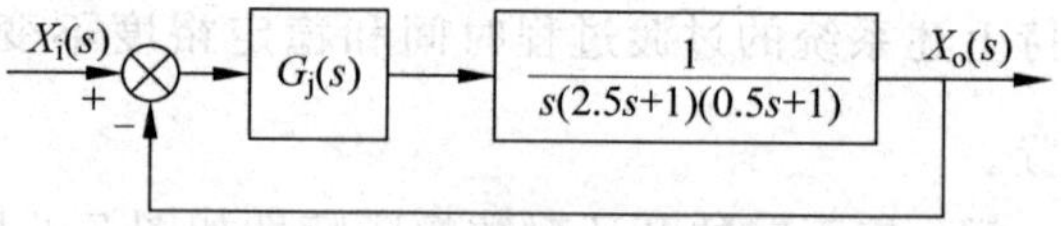

图 7.8

7-7 某系统如图 7.8 所示,要求达到下列指标:

(1) 速度误差系数 $K_v > 10\ s^{-1}$;

(2) 剪切频率 $\omega_c > 1$ rad/s;

(3) 相位裕量 $\gamma > 35°$。

试用对数频率法确定系统校正网络的传递函数。

解:$M_r \approx \frac{1}{\sin\gamma} \leqslant \frac{1}{\sin 35°} = 1.743$

$$h \approx \frac{M_r+1}{M_r-1} \geqslant \frac{1.743+1}{1.743-1} = 3.7$$

取 $h=4$。为满足 $\omega_c > 1$ rad/s，取 $\omega_c = 1.5$ rad/s，$\omega_3 = 2$ rad/s，则

$$\omega_2 = \frac{\omega_3}{h} = \frac{2}{4} = 0.5(\text{rad/s})$$

$$\omega_1 = \frac{\omega_c \omega_2}{K_v} < \frac{1.5 \times 0.5}{10} = 0.075(\text{rad/s})$$

取

$$\omega_1 = 0.05 \text{ rad/s}$$

则

$$K_v = \frac{\omega_c \omega_2}{\omega_1} = \frac{1.5 \times 0.5}{0.05} = 15$$

设校正后系统开环传递函数为 $G_o(s)$，则

$$G_o(s) = \frac{15\left(\frac{1}{0.5}s+1\right)}{s\left(\frac{1}{0.05}s+1\right)\left(\frac{1}{2}s+1\right)}$$

则校正网络的传递函数为

$$G_j(s) = \frac{15\left(\frac{1}{0.5}s+1\right)(2.5s+1)}{\frac{1}{0.05}s+1}$$

7-8 某单位反馈系统的开环传递函数为 $G(s) = \frac{K}{s(s+1)(0.1s+1)}$。

(1) 设该系统谐振峰值 $M_r = 1.4$，其相位裕量为多少？

(2) 确定 K 值，使其增益裕量为 0 dB，此时 M_r 为多少？

解：(1) 依 $M_r \approx \frac{1}{\sin\gamma} \approx 1.4$，得 $\gamma \approx 45.6°$，即为所求。

(2) 解 $\angle G(j\omega) = -90° - \arctan\omega - \arctan(0.1\omega) = -180°$

得

$$\omega = \sqrt{10}(\text{rad/s})$$

解

$$\left|G(j\sqrt{10})\right| = \frac{K}{\sqrt{10}\sqrt{(10)^2+1}\sqrt{(0.1\sqrt{10})^2+1}} = 1$$

得 $K=11$，即为所求。此时

$$M_r \approx \frac{1}{\sin\gamma} = \frac{1}{\sin 0°} \approx \infty$$

7-9 某角度随动系统(Ⅰ型)要求:在输入信号为 60°/s 时速度误差为 2 密位(360°=6000 密位),超调量≤25%,过渡过程时间≤0.2s。问满足这些指标的希望开环对数频率特性应具有什么样的参数,并讨论 ω_1 对动态的影响。如果系统在高频处有一个小时间常数 $T_4=0.005$s,这时希望模型应做什么修改?

解:$M_r=0.6+2.5M_p\leqslant 0.6+2.5\times 25\%=1.225$,取 $M_r=1.2$,则

$$\begin{aligned}K&=2+1.5(M_r-1)+2.5(M_r-1)^2\\&=2+1.5(1.2-1)+2.5(1.2-1)^2=2.45\end{aligned}$$

所以

$$\omega_c=\frac{K\pi}{t_s}\geqslant\frac{2.45\pi}{0.2}=38.5(\text{rad/s})$$

取 $\omega_c=40$ rad/s。

由 M_r 得

$$h=\frac{M_r+1}{M_r-1}=\frac{1.2+1}{1.2-1}=11$$

另得

$$\omega_3=\frac{M_r+1}{M_r}\omega_c=\frac{1.2+1}{1.2}\times 40=73.3(\text{rad/s})$$

则

$$\omega_2=\frac{\omega_3}{h}=\frac{73.3}{11}=6.67(\text{rad/s})$$

由

$$K_v\geqslant\frac{60\times\dfrac{6000}{360}}{2}=500$$

取 $K_v=550$,得

$$\omega_1=\frac{\omega_2\omega_c}{K_v}=\frac{6.67\times 40}{550}=0.485(\text{rad/s})$$

所以

$$\Delta\gamma_1=\arctan\frac{\omega_1}{\omega_c}=\arctan\frac{0.485}{40}=0.7°$$

ω_1 使系统相位裕量增加 0.7°,对稳定性的影响可以忽略。

由 $\Delta\gamma_4=-\arctan\dfrac{\omega_c}{\omega_4}=-\arctan\dfrac{40}{\dfrac{1}{0.005}}=-11.3°$,取

$$T_3'=T_3-T_4=\frac{1}{73.3}-0.005=8.64\times 10^{-3}(\text{s})$$

则

$$\omega_3' = \frac{1}{T_3'} = \frac{1}{8.64 \times 10^{-3}} = 115.7(\text{rad/s})$$

图 7.9 所示为其对数幅频特性。

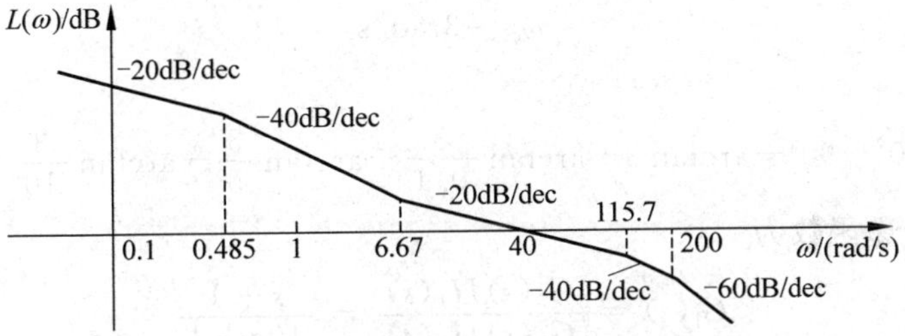

图 7.9

7-10 某最小相位系统校正前、后开环幅频特性分别如图 7.10 中曲线①、②所示，试计算校正前、后的相位裕量以及校正网络的传递函数。

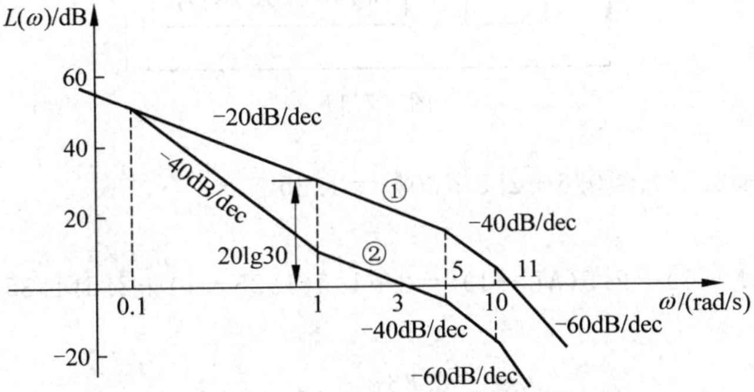

图 7.10

解：由图 7.10 可见，校正前系统传递函数为

$$G_1(s)H_1(s) = \frac{30}{s\left(\frac{1}{5}s+1\right)\left(\frac{1}{10}s+1\right)}$$

解得

$$\omega_{c1} = 11\text{rad/s}$$

则

$$\gamma_1 = 180° - \arctan\frac{11}{5} - \arctan\frac{11}{10} - 90° \approx -23.3°$$

校正后系统传递函数为

$$G_2(s)H_2(s)=\frac{30(s+1)}{s\left(\frac{1}{0.1}s+1\right)\left(\frac{1}{5}s+1\right)\left(\frac{1}{10}s+1\right)}$$

解得

$$\omega_{c2}=3\mathrm{rad/s}$$

则

$$\gamma_2=180°-90°+\arctan 3-\arctan\frac{3}{0.1}-\arctan\frac{3}{5}-\arctan\frac{3}{10}\approx 25.8°$$

因此,校正网络传递函数为

$$G_j(s)=\frac{G_2(s)H_2(s)}{G_1(s)H_1(s)}=\frac{s+1}{10s+1}$$

7-11 某角度随动系统方框图如图7.11所示,要求$K_v=360\mathrm{s}^{-1}$,$t_s\leqslant 0.25\mathrm{s}$,$M_p\leqslant 30\%$。试设计系统的校正网络。

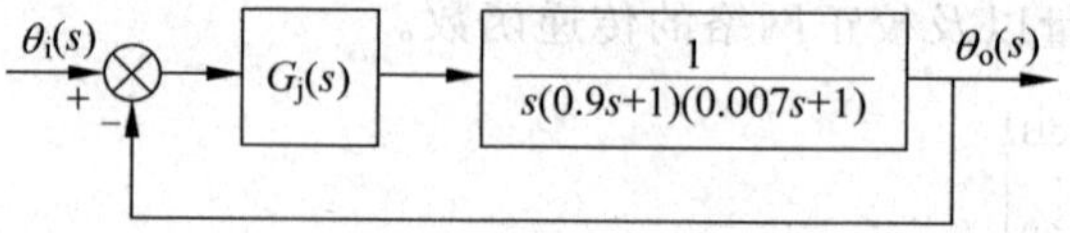

图 7.11

解:$M_r=0.6+2.5M_p\leqslant 0.6+2.5\times 30\%=1.35$

则

$$k=2+1.5(M_r-1)+2.5(M_r-1)^2=2+1.5(1.35-1)+2.5(1.35-1)^2=2.83$$

所以

$$\omega_c=\frac{k\pi}{t_s}\geqslant\frac{2.83\pi}{0.25}=35.6(\mathrm{rad/s})$$

取

$$\omega_c=40\mathrm{rad/s}$$

又得到

$$h=\frac{M_r+1}{M_r-1}\geqslant\frac{1.35+1}{1.35-1}=6.7$$

取$h=7$。

因为

$$\omega_3=\frac{M_r+1}{M_r}\omega_c=\frac{1.35+1}{1.35}\times 40=69.6(\mathrm{rad/s})$$

得

$$\omega_2=\frac{\omega_3}{h}=\frac{69.6}{7}=9.9(\mathrm{rad/s})$$

$$\omega_1 = \frac{\omega_c \omega_2}{K_v} = \frac{40 \times 9.9}{360} = 1.1(\text{rad/s})$$

$$\Delta\gamma_1 = -\arctan\frac{\omega_1}{\omega_c} = -\arctan\frac{1.1}{40} = -1.6°$$

故 ω_1 对稳定性的影响可以忽略。

$$\Delta\gamma_4 = -\arctan\frac{\omega_c}{\omega_4} = -\arctan\frac{40}{1/0.007} = -15.6°$$

$$T_3' = T_3 - T_4 = \frac{1}{69.6} - 0.007 = 0.0074(\text{s})$$

$$\omega_3' = \frac{1}{T_3'} = \frac{1}{0.0074} = 135.1(\text{rad/s})$$

幅频特性如图 7.12 所示，其中曲线Ⅰ为系统固有部分，曲线Ⅱ为希望幅频特性。

根据图 7.12，可得校正网络传递函数为

$$G_j(s) = \frac{360\left(\frac{1}{9.9}s + 1\right)}{\frac{1}{200}s + 1}$$

校正网络可选图 7.13 所示的电路，同时注意仍然保持系统为负反馈。

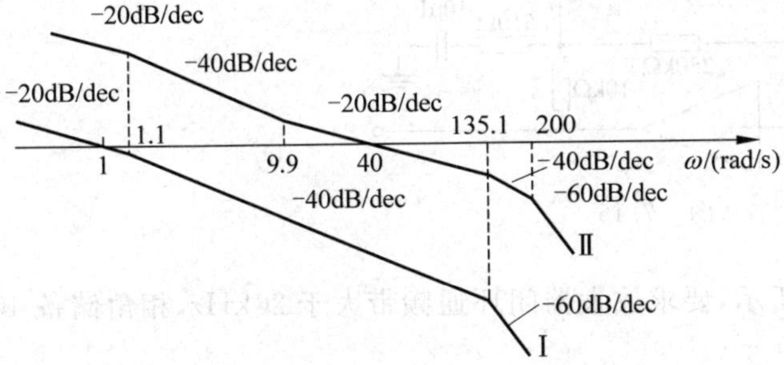

图 7.12

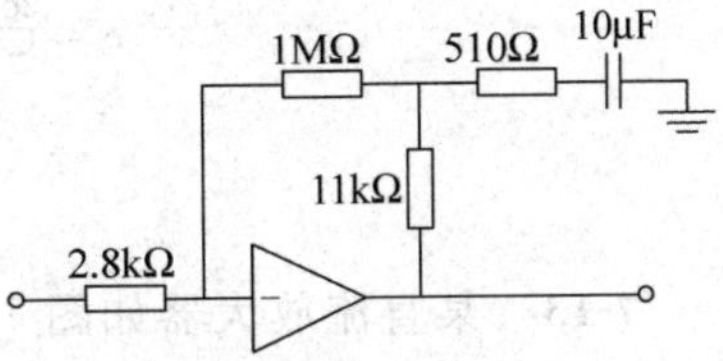

图 7.13

7-12 设题 7-11 所示角度随动系统的动态指标保持不变，而速度误差系统 K_v 提高到 $1000\ s^{-1}$。试设计系统的校正网络。

解：由题 7-11，解得

$$\omega_c = 40\ \text{rad/s}$$

$$\omega_2 = 9.9\ \text{rad/s}$$

$$\omega_3' = 135.1\ \text{rad/s}$$

又

$$\omega_1 = \frac{\omega_c \omega_2}{K_v} = \frac{40 \times 9.9}{1000} = 0.396(\text{rad/s})$$

幅频特性如图 7.14 所示，其中曲线Ⅰ为系统固有部分，曲线Ⅱ为希望幅频特性。

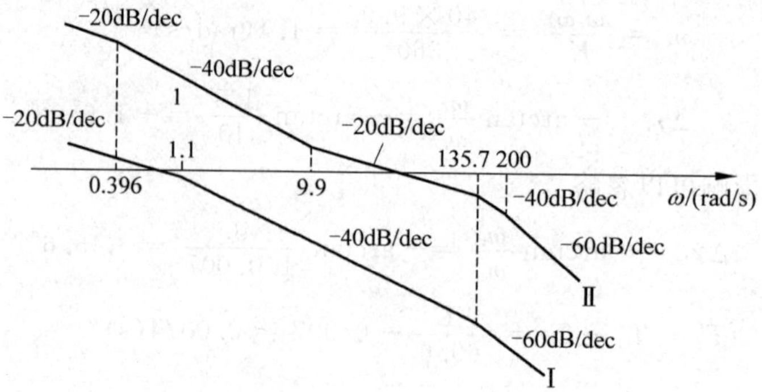

图 7.14

根据图 7.14,可得校正网络传递函数为

$$G_j(s)=\frac{1000\left(\frac{1}{1.1}s+1\right)\left(\frac{1}{9.9}s+1\right)}{\left(\frac{1}{0.396}s+1\right)\left(\frac{1}{200}s+1\right)}$$

校正网络可选图 7.15 所示电路,同时注意仍然保持系统为负反馈。

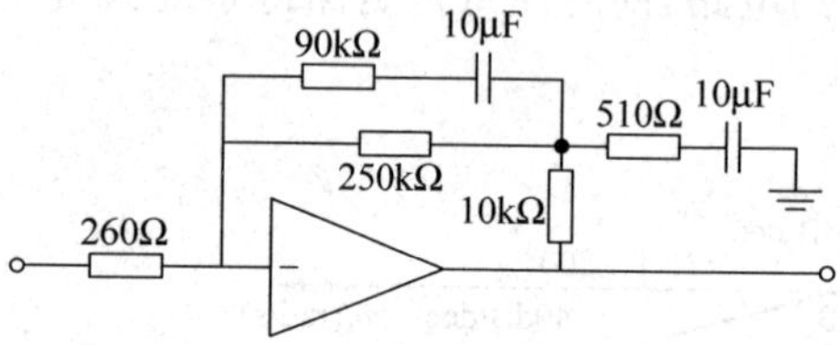

图 7.15

7-13 某直流放大器如图 7.16 所示,要求放大器闭环通频带大于 20kHz,相角储备 40°左右。试设计其校正网络 $G_j(s)$。

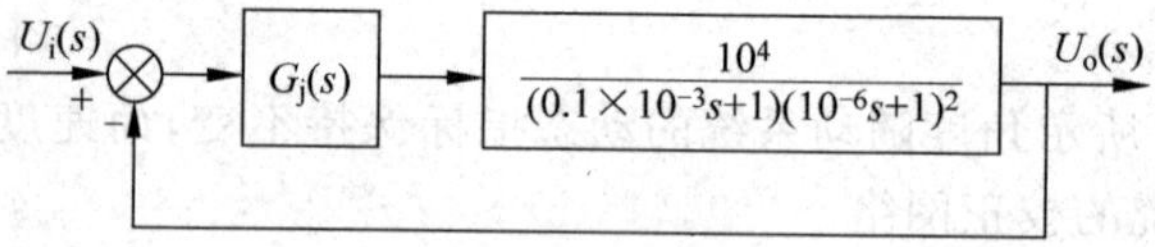

图 7.16

解:$G_o(s)=\dfrac{10^4}{(0.1\times10^{-3}s+1)(10^{-6}s+1)^2}$

其对数幅频特性如图 7.17 中曲线Ⅰ所示,该曲线以 -60dB/dec 斜率过 0dB 线,系统不稳定。

如果选取校正网络传递函数为

$$G_j(s)=\frac{(10^{-5}s+1)(10^{-6}s+1)}{\left(\frac{1}{316}s+1\right)\left(\frac{1}{3.16\times10^{6}}s+1\right)}$$

则校正后的系统开环对数幅频特性如图 7.17 中曲线Ⅱ所示。

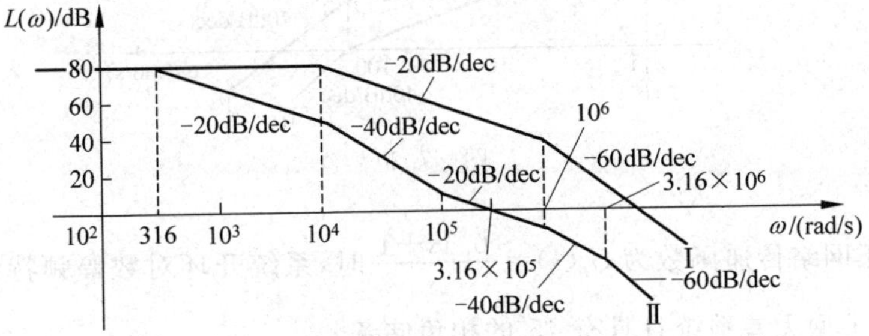

图 7.17

其剪切频率 $\omega_c=3.16\times10^5$ rad/s，即

$$\omega_c>20\ \text{kHz}$$

而通频带略大于 ω_c，故通频带大于 20 kHz。因此，

$$\begin{aligned}\gamma&=180^\circ+\angle G(j\omega_c)\\&=180^\circ-\arctan(10^{-4}\times3.16\times10^5)\\&\quad-\arctan\left(\frac{1}{316}\times3.16\times10^5\right)-\arctan\left(\frac{1}{3.16\times10^6}\times3.16\times10^5\right)\\&\quad-\arctan(10^{-6}\times3.16\times10^5)+\arctan(10^{-5}\times3.16\times10^5)\\&=50.9^\circ>40^\circ\end{aligned}$$

校正网络可选图 7.18 所示的线路。

7-14 某电子自动稳幅锯齿波电路，原为有差系统，如图 7.19 所示，为了提高系统静态精度，希望将系统改成Ⅰ型无差系统，并使系统具有 40°的相角储备。系统应接入怎样的校正网络？

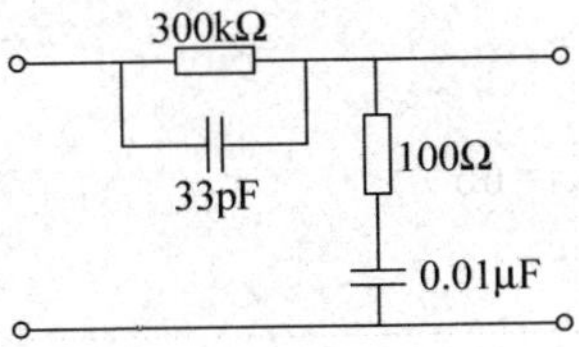

图 7.18

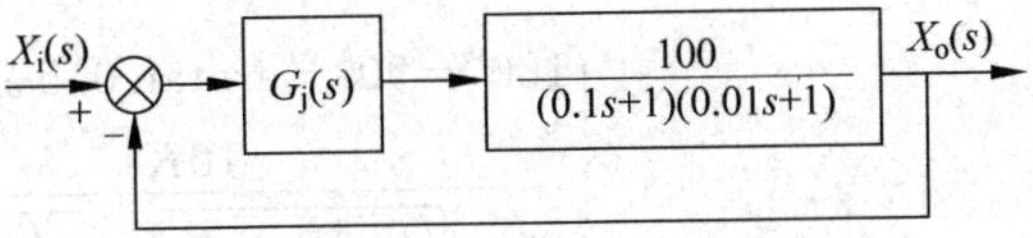

图 7.19

解：$G_o(s)=\dfrac{100}{(0.1s+1)(0.01s+1)}$

其对数幅频特性如图 7.20 中曲线Ⅰ所示，这是 0 型系统，同时曲线以 −40 dB/dec 斜率穿过

0 dB 线,相位裕量显然小于 45°,均不合要求。

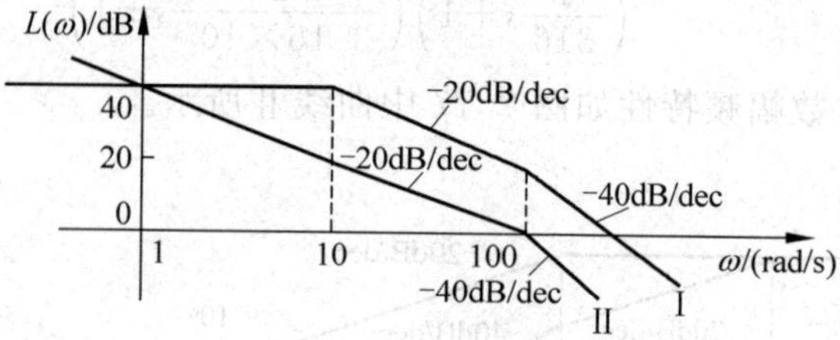

图 7.20

当选择校正网络传递函数为 $G_j(s)=\dfrac{0.1s+1}{s}$ 时,系统开环对数幅频特性如图 7.20 中曲线Ⅱ所示,为Ⅰ型无差系统且具有 45°的相角储备。

可选择如图 7.21 所示的网络,同时注意仍然保持系统为负反馈。

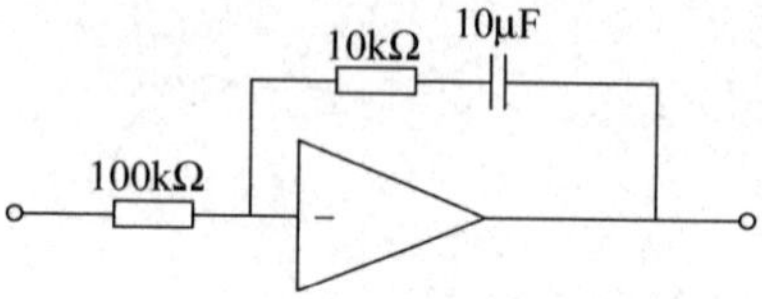

图 7.21

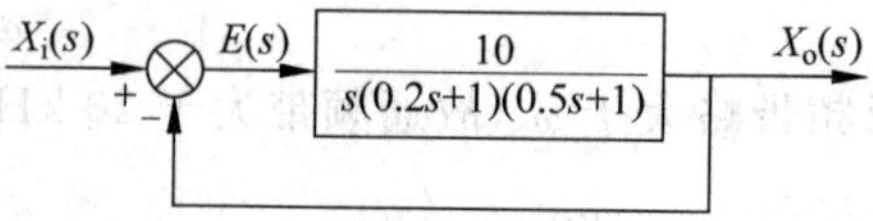

图 7.22

7-15 某系统如图 7.22 所示,试加入串联校正,使其相位裕量为 65°。

(1) 用超前网络实现;

(2) 用滞后网络实现。

解:(1) 设超前校正网络传递函数为

$$G_j(s)=\frac{K(0.2s+1)}{Ts+1},\quad 0.2>T$$

则系统开环传递函数成为

$$G_o(s)=\frac{10K}{s(0.5s+1)(Ts+1)}$$

应有

$$\begin{cases}180^\circ-90^\circ-\arctan 0.5\omega_c-\arctan T\omega_c=65^\circ\\ \dfrac{10K}{\omega_c\sqrt{(0.5\omega_c)^2+1}\sqrt{(T\omega_c)^2+1}}=1\end{cases}$$

取

$$\omega_c=0.8\ \text{rad/s}$$

则

$$T=0.07\ \text{s}$$

$$K = 0.086$$

$$G_j(s) = \frac{0.086(0.2s+1)}{0.07s+1}$$

能满足要求。

(2) 设滞后校正网络传递函数为

$$G_j(s) = \frac{K(\tau s+1)}{10s+1}, \quad 10 > \tau$$

则系统开环传递函数成为

$$G_o(s) = \frac{10K(\tau s+1)}{s(0.2s+1)(0.5s+1)(10s+1)}$$

应有

$$\begin{cases} 180° - 90° - \arctan 0.2\omega_c - \arctan 0.5\omega_c - \arctan 10\omega_c + \arctan \tau\omega_c = 65° \\ \dfrac{10K\sqrt{(\tau\omega_c)^2+1}}{\omega_c\sqrt{(0.2\omega_c)^2+1}\sqrt{(0.5\omega_c)^2+1}\sqrt{(10\omega_c)^2+1}} = 1 \end{cases}$$

取

$$\omega_c = 0.5\text{rad/s}$$

则

$$\tau = 6.7\ \text{s}$$

$$K = 0.076$$

所以 $G_j(s) = \dfrac{0.076(6.7s+1)}{10s+1}$ 可满足要求。

7-16 某系统如图 7.23 所示，要求在控制器中引入一个或几个超前网络，使系统具有相位裕量 45°。试求其校正参数及校正后的剪切频率。

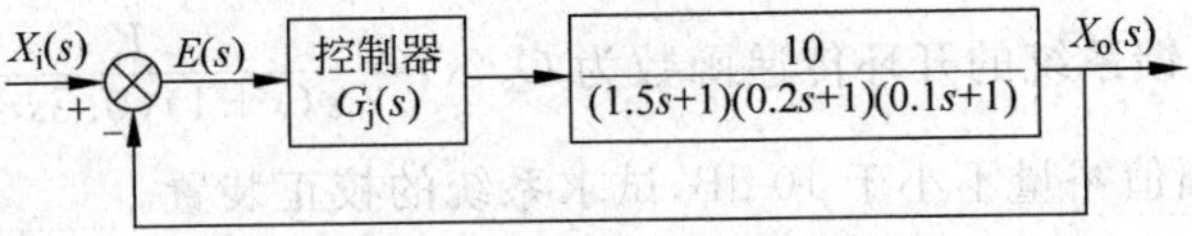

图 7.23

解：设校正网络传递函数为

$$G_j(s) = \frac{0.2s+1}{Ts+1}, \quad T < 0.2$$

设

$$\omega_c = \frac{1}{1.5} \times 10 = \frac{1}{0.15}(\text{rad/s})$$

解

$$\gamma=180°-\arctan 1.5\omega_c-\arctan 0.1\omega_c-\arctan T\omega_c$$
$$=180°-\arctan\left(1.5\times\frac{1}{0.15}\right)-\arctan\left(0.1\times\frac{1}{0.15}\right)-\arctan\left(T\times\frac{1}{0.15}\right)=45°$$

得

$$T=0.046\ \text{s}$$

所以可设计 $G_j(s)=\dfrac{0.2s+1}{0.046s+1}$。

7-17 某单位反馈系统的开环传递函数为 $G_o(s)=\dfrac{K}{s(0.5s+1)}$，欲使系统开环放大倍数 $K=20\ \text{s}^{-1}$，相位裕量不小于 50°，幅值裕量不小于 10 dB，试求系统的校正装置。

解：令 $K=20\ \text{s}^{-1}$。

设

$$G_j(s)=\frac{0.5s+1}{Ts+1}$$

则系统开环传递函数成为

$$G_o(s)=\frac{20}{s(0.5s+1)}\frac{0.5s+1}{Ts+1}=\frac{20}{s(Ts+1)}$$

依题意，有

$$\gamma=180°-90°-\arctan T\omega_c=180°-90°-\arctan 20T=50°$$

解之，得 $T=0.04$ s。

另有两阶系统 $K_g=\infty>10$ dB。

所以，$G_j(s)=\dfrac{0.5s+1}{0.04s+1}$ 符合要求。

7-18 某单位反馈系统的开环传递函数为 $G_o(s)=\dfrac{K}{s(s+1)(0.5s+1)}$，欲使 $K_v=5$，相位裕量不小于 40°，幅值裕量不小于 10 dB，试求系统的校正装置。

解：令 $K=5$

设

$$G_j(s)=\frac{\tau s+1}{Ts+1},\quad T>\tau>1$$

另设

$$\omega_c=0.5\text{rad/s}$$

则依

$$\omega_1=\frac{\omega_c\omega_2}{K_v}$$

有

$$\frac{1}{T}=\frac{\omega_c\dfrac{1}{\tau}}{5}=\frac{0.5\times\dfrac{1}{\tau}}{5}$$

设

$$T=10\tau$$

则

$$\begin{aligned}\gamma&=180^\circ-90^\circ-\arctan\omega_c-\arctan 0.5\omega_c-\arctan T\omega_c+\arctan\tau\omega_c\\&=90^\circ-\arctan 0.5-\arctan(0.5\times0.5)-\arctan(10\tau\times0.5)+\arctan(\tau\times0.5)\\&=40^\circ\end{aligned}$$

解得 $\tau=10.8\ \text{s}$。

这样，系统开环传递函数变为

$$G(s)=\frac{5(10.8s+1)}{s(s+1)(0.5s+1)(108s+1)}$$

解

$$\begin{aligned}\angle G(j\omega)&=-90^\circ-\arctan\omega-\arctan 0.5\omega-\arctan 108\omega+\arctan 10.8\omega\\&=-180^\circ\end{aligned}$$

得

$$\omega_{-\pi}\approx1.3\text{rad/s}$$

$$|G(j1.3)|=\frac{5\sqrt{(10.8\times1.3)^2+1}}{1.3\sqrt{1.3^2+1}\sqrt{(0.5\times1.3)^2+1}\sqrt{(108\times1.3)^2+1}}=0.197$$

$$-20\lg|G(j1.3)|\approx14.1\ \text{dB}>10\ \text{dB}$$

所以，$G_j(s)=\dfrac{10.8s+1}{108s+1}$ 符合题意。

7-19 设图 7.24 所示系统 $G(s)=\dfrac{10}{0.2s+1}$，欲加负反馈使系统带宽提高为原来的 10 倍，并保持总增益不变，求 K_n 和 K_0。

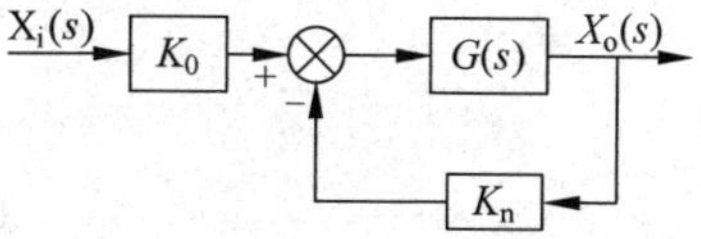

图 7.24

解：

$$\frac{X_o(s)}{X_i(s)}=\frac{\dfrac{10K_0}{0.2s+1}}{1+\dfrac{10K_n}{0.2s+1}}=\frac{10K_0}{0.2s+(10K_n+1)}$$

$$=\frac{\dfrac{10K_0}{10K_n+1}}{\dfrac{0.2}{10K_n+1}s+1}$$

按照“使系统带宽提高为原来的 10 倍，并保持总增益不变”，有

$$\begin{cases}\dfrac{10K_0}{10K_n+1}=10\\ \dfrac{0.2}{10K_n+1}=0.02\end{cases}$$

解得$\begin{cases}K_n=0.9\\ K_0=10\end{cases}$,即为所求。

7-20 某单位反馈系统控制对象传递函数为$G_o(s)=\dfrac{100}{s(10s+1)}$,试设计PID控制器,使系统闭环极点为$-2\pm j1$和$-5$。

解:设PID控制器传递函数为

$$G_c(s)=\frac{K_d s^2+K_p s+K_I}{s}$$

则

$$\frac{X_o(s)}{X_i(s)}=\frac{\dfrac{K_d s^2+K_p s+K_I}{s}\dfrac{100}{s(10s+1)}}{1+\dfrac{K_d s^2+K_p s+K_I}{s}\dfrac{100}{s(10s+1)}}=\frac{10(K_d s^2+K_p s+K_I)}{s^3+\dfrac{(1+100K_d)}{10}s^2+10K_p s+10K_I}$$

由下式对应系数相等

$$(s+5)(s+2-j1)(s+2+j1)=s^3+9s^2+25s+25=s^3+\frac{(1+100K_d)}{10}s^2+10K_p s+10K_I$$

得

$$K_d=0.89,\quad K_p=2.5,\quad K_I=2.5$$

则

$$G_c(s)=\frac{0.89s^2+2.5s+2.5}{s}$$

8 根轨迹法

本章要求掌握根轨迹法的基本概念和绘制根轨迹图的基本规则，学会绘制简单系统的根轨迹图，并能根据根轨迹图对系统稳定性进行分析。

8-1 已知开环零点 z、极点 p，试概略画出相应的闭环根轨迹图。

(1) $z=-2,-6$；$p=0,-3$；

(2) $z=-2,-4$；$p=0,-6$；

(3) $p_1=-1$；$p_{2,3}=-2\pm j1$；

(4) $z=-6,-8$；$p=0,-3$；

(5) $p=0,-2$；$z=-4\pm j4$；

(6) $p=0,-1,-5$；$z=-4,-6$。

解：(1) 其闭环根轨迹图如图 8.1 所示。

(2) 其闭环根轨迹图如图 8.2 所示。

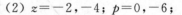

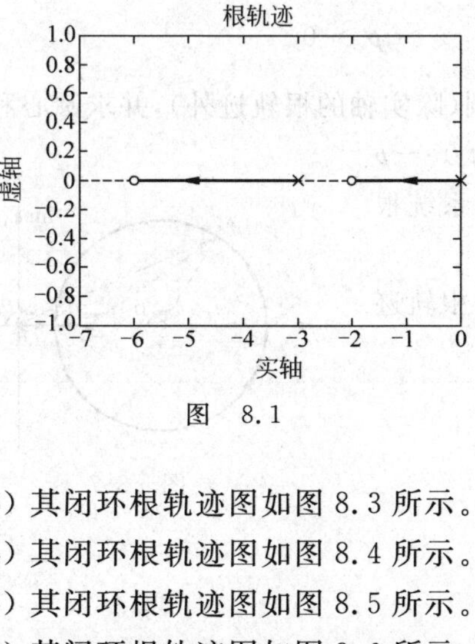

图 8.1

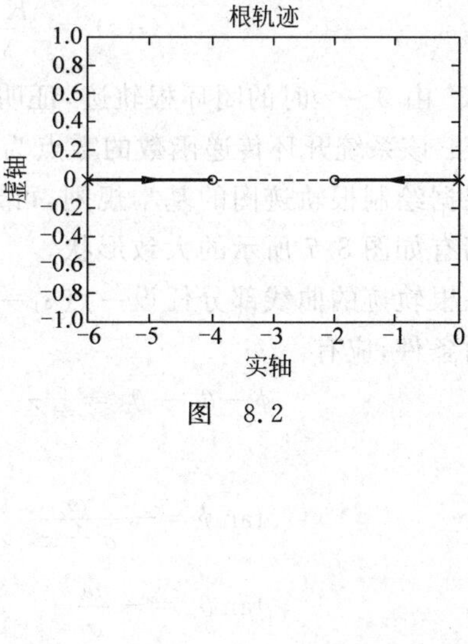

图 8.2

(3) 其闭环根轨迹图如图 8.3 所示。

(4) 其闭环根轨迹图如图 8.4 所示。

(5) 其闭环根轨迹图如图 8.5 所示。

(6) 其闭环根轨迹图如图 8.6 所示。

8-2 设单位反馈系统开环传递函数为

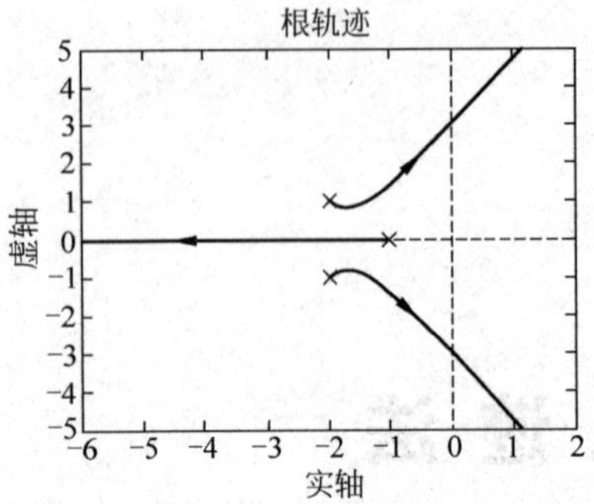

图　8.3

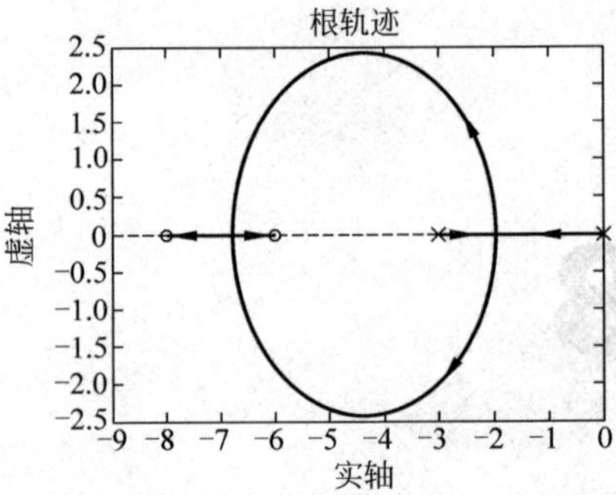

图　8.4

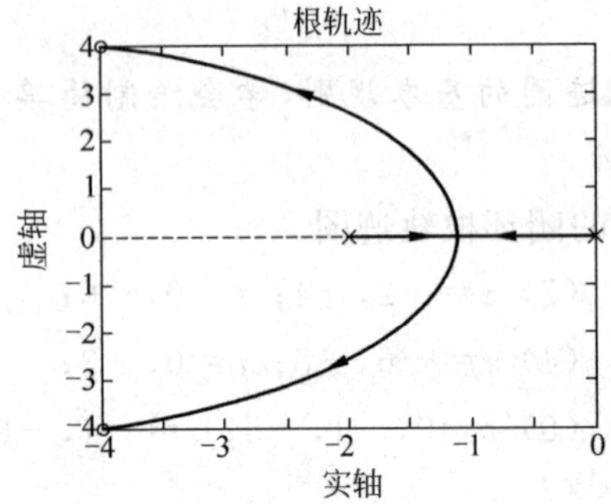

图　8.5

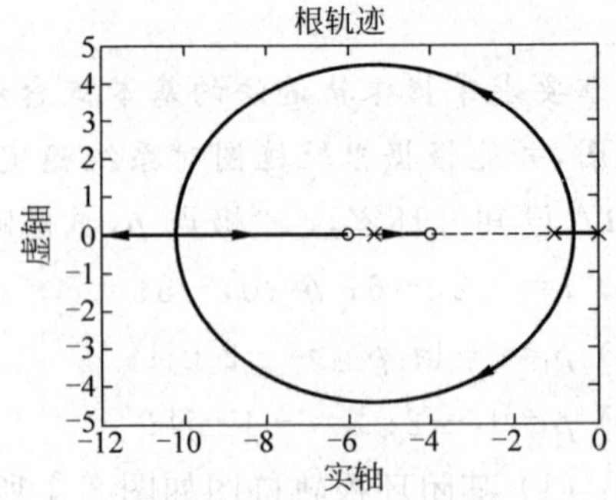

图　8.6

$$G(s)=\frac{K^*(s+z)}{s(s+p)},\quad z>p>0$$

试作 K^* 由 0～∞时的闭环根轨迹，证明其轨迹是圆(除实轴的根轨迹外)，并求圆心和半径。

证：该系统开环传递函数的零点为 $-z$，极点为 0、$-p$。

根据绘制根轨迹图的基本规则，可定性确定该系统根轨迹图有如图 8.7 所示的大致形状。

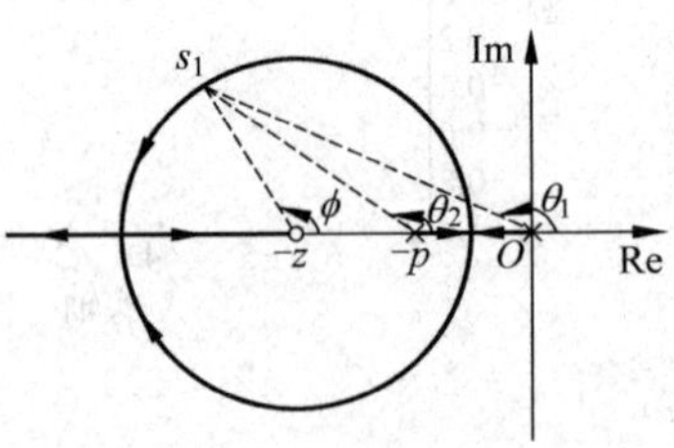

图　8.7

在根轨迹的曲线部分任设一点 $s_1=-\sigma+\mathrm{j}\omega$，由根轨迹的相角条件，应有

$$\phi-\theta_1-\theta_2=\pm\pi$$

这里

$$\tan\phi=-\frac{\omega}{\sigma-z}$$

$$\tan\theta_1=-\frac{\omega}{\sigma}$$

$$\tan\theta_2=-\frac{\omega}{\sigma-p}$$

即

$$\phi=\arctan\left(-\frac{\omega}{\sigma-z}\right)$$

$$\theta_1=\arctan\left(-\frac{\omega}{\sigma}\right)$$

$$\theta_2=\arctan\left(-\frac{\omega}{\sigma-p}\right)$$

则有

$$\arctan\left(-\frac{\omega}{\sigma-z}\right)-\arctan\left(-\frac{\omega}{\sigma}\right)-\arctan\left(-\frac{\omega}{\sigma-p}\right)=\pm\pi$$

即

$$\pm\pi+\arctan\left(-\frac{\omega}{\sigma-z}\right)=\arctan\left(-\frac{\omega}{\sigma}\right)+\arctan\left(-\frac{\omega}{\sigma-p}\right)$$

两边取正切，得

$$-\frac{\omega}{\sigma-z}=\frac{-\dfrac{\omega}{\sigma}-\dfrac{\omega}{\sigma-p}}{1-\left(-\dfrac{\omega}{\sigma}\right)\left(-\dfrac{\omega}{\sigma-p}\right)}$$

整理，得

$$(\sigma-z)^2+\omega^2=\left(\sqrt{z^2-pz}\right)^2$$

可见该系统根轨迹的一部分为圆心在$(-z,\mathrm{j}0)$点、半径为$\sqrt{z^2-pz}$的圆。

8-3 设单位反馈开环传递函数为$G(s)=\dfrac{K^*(s+5)}{s(s+2)(s+3)}$，要求确定分离点坐标，大致画出闭环根轨迹。

解：解$\dfrac{\mathrm{d}[G(s)]}{\mathrm{d}s}=0$，得分离点坐标为$(-0.9,\mathrm{j}0)$。其闭环根轨迹如图 8.8 所示。

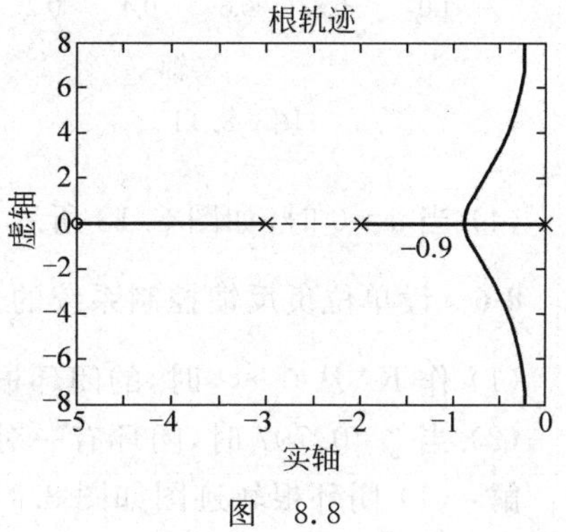

图 8.8

8-4 已知系统开环传递函数为$G(s)=\dfrac{K}{s(0.05s^2+0.4s+1)}$，试作$K$从$0\rightarrow\infty$时的闭环根轨迹图。

解：其闭环根轨迹如图 8.9 所示。

8-5 设系统的闭环特征方程为$s^2(s+a)+K(s+1)=0$，当a取不同值时，系统的根轨迹$(0<K<\infty)$是不相同的。试分别作出$a>1,a=1,a<1,a=0$时的根轨迹图。

解：由系统的闭环特征方程可得出系统开环传

递函数为 $G(s)=\dfrac{K(s+1)}{s^2(s+a)}$

(1) 当 $a>1$ 时,如图 8.10 所示,系统稳定。

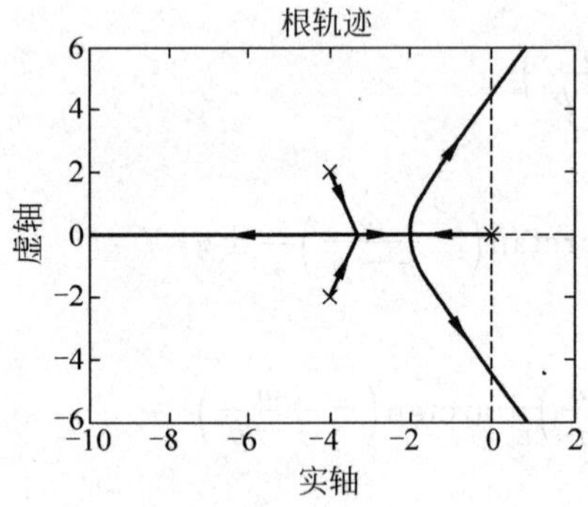

图 8.9

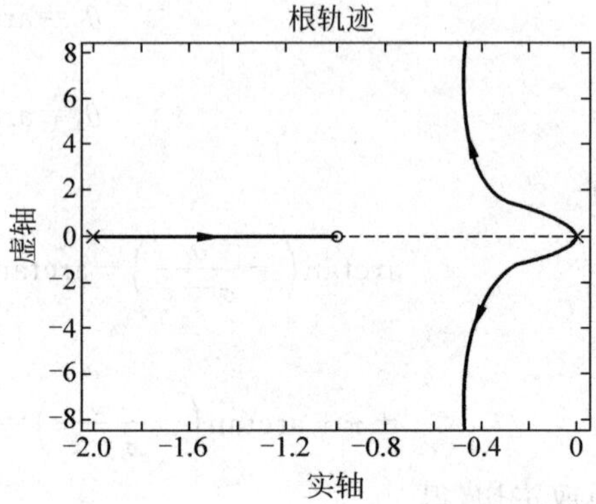

图 8.10

(2) 当 $a=1$ 时,如图 8.11 所示,系统等幅振荡。

(3) 当 $a<1$ 时,如图 8.12 所示,系统不稳定。

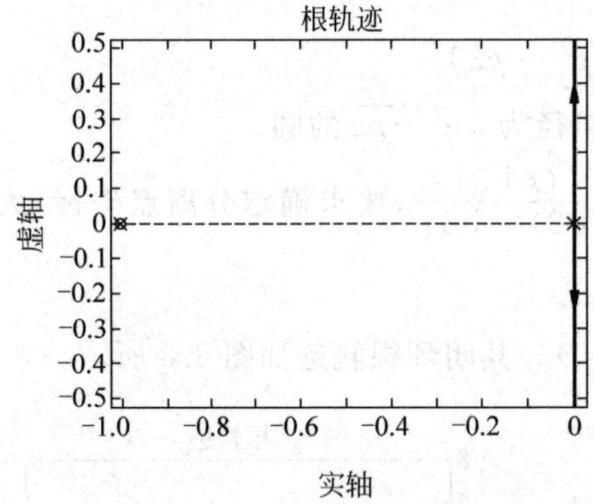

图 8.11

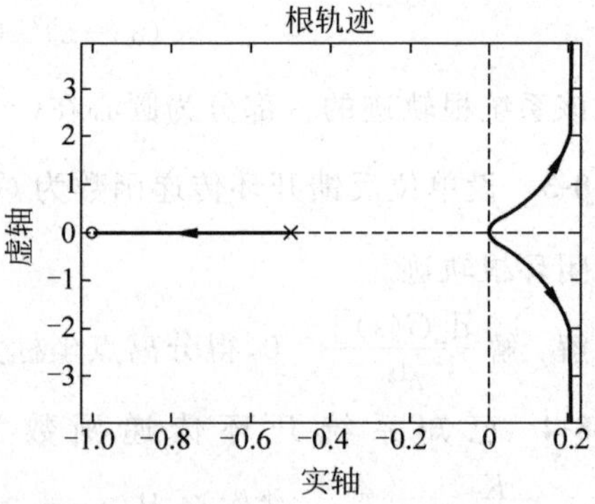

图 8.12

(4) 当 $a=0$ 时,如图 8.13 所示,系统不稳定。

8-6 设单位负反馈控制系统的开环传递函数为 $G(s)=\dfrac{K^*(s+2)}{s(s+1)(s+3)}$。

(1) 作 K^* 从 $0\to\infty$ 时,的闭环根轨迹图;

(2) 当 $\zeta=0.707$ 时,闭环有一对主导极点,求其 K 值。

解:(1) 闭环根轨迹图如图 8.14 所示。

(2) 当 $\zeta=0.707$ 时,闭环有一对主导极点,此时 $K\approx0.95$。

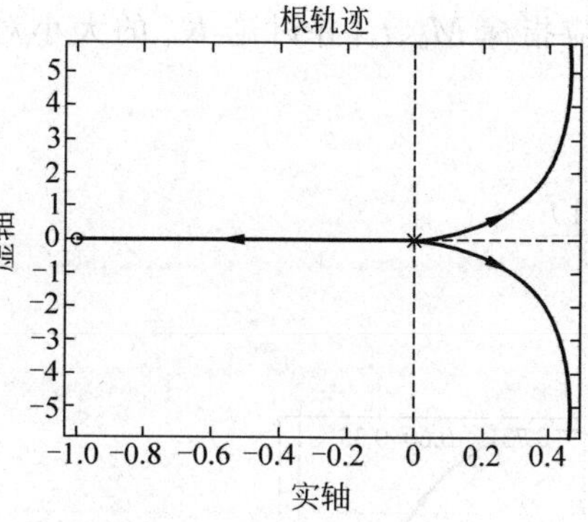

图 8.13

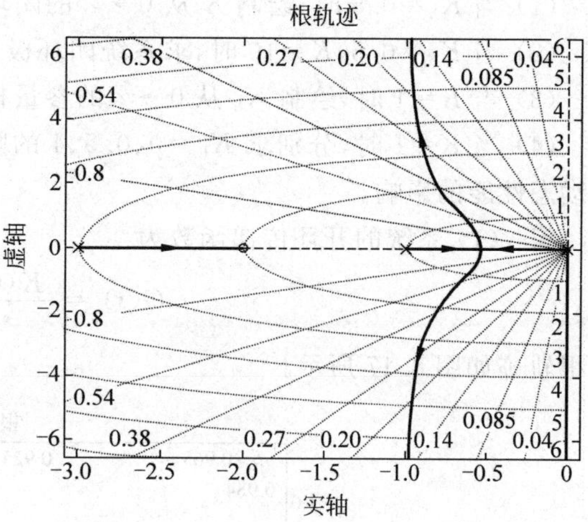

图 8.14

8-7 已知单位负反馈控制系统的开环传递函数为 $G(s)=\dfrac{1}{4}\dfrac{(s+a)}{s^2(s+1)}$，试作以 a 为参量的根轨迹图（a 从 $0\to\infty$）。

解：系统特征方程为

$$4s^2(s+1)+s+a=0$$

为绘制以 a 为参量的根轨迹，作如下整理：以特征方程中不含 a 的各项除以特征方程，得

$$\frac{a}{4s^3+4s^2+s}+1=0$$

令其中 $\dfrac{a}{4s^3+4s^2+s}=G'(s)H'(s)$，可以看作是以 a 为根轨迹增益的等效开环传递函数，则其根轨迹图如图 8.15 所示。

8-8 设系统方块图如图 8.16 所示。

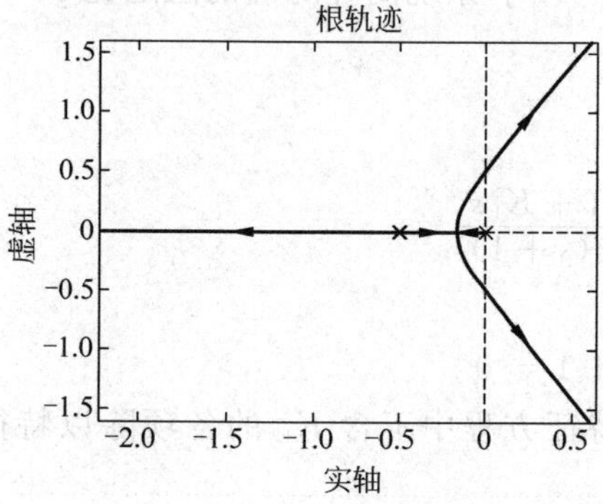

图 8.15

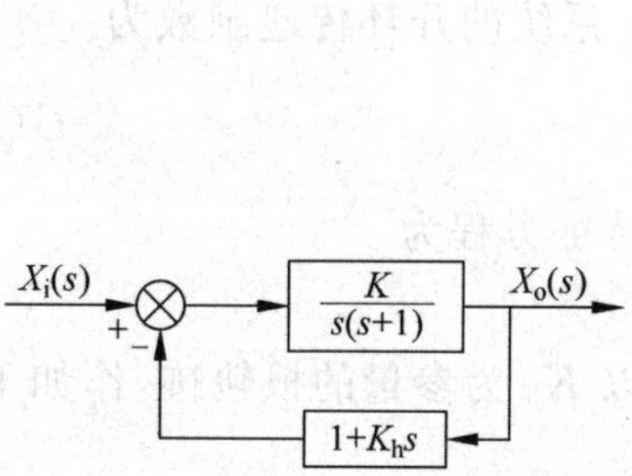

图 8.16

(1) 当 $K_h=0.5$ 时,绘制 K 从 $0\to\infty$ 的闭环根轨迹图;

(2) 当 $K_h=0.5, K=10$ 时,求系统闭环极点与对应的 ζ 值;

(3) 当 $K=1$ 时,绘制 K_h 从 $0\to\infty$ 的参量根轨迹图;

(4) 当 $K=1$ 时,分别求 $K_h=0、0.5、4$ 的阶跃响应指标 $M_p、t_s$,并讨论 K_h 的大小对系统动态性能的影响。

解:(1) 系统的开环传递函数为

$$G(s)=\frac{K(0.5s+1)}{s(s+1)}$$

其根轨迹如图 8.17 所示。

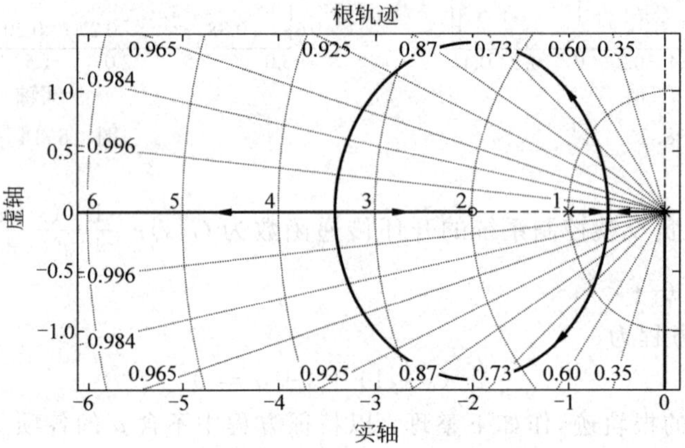

图 8.17

(2) 系统闭环特征方程为

$$s^2+2\frac{KK_h+1}{2\sqrt{K}}\sqrt{K}s+(\sqrt{K})^2=0$$

将 $K_h=0.5, K=10$ 代入,得系统闭环极点 $s_{1,2}=-3\pm j$,系统闭环对应的阻尼比 $\zeta=\frac{3}{\sqrt{10}}\approx 0.95$。

(3) 系统的开环传递函数为

$$G(s)H(s)=\frac{1+K_hs}{s(s+1)}$$

其闭环特征方程为

$$s^2+s+K_hs+1=0$$

为绘制以 K_h 为参量的根轨迹,作如下整理:以特征方程中不含 K_h 的各项除以特征方程,得

$$\frac{K_hs}{s^2+s+1}+1=0$$

令其中$\frac{K_h s}{s^2+s+1}=G'(s)H'(s)$，可以看作是以 K_h 为根轨迹增益的等效开环传递函数，其根轨迹图如图 8.18 所示。

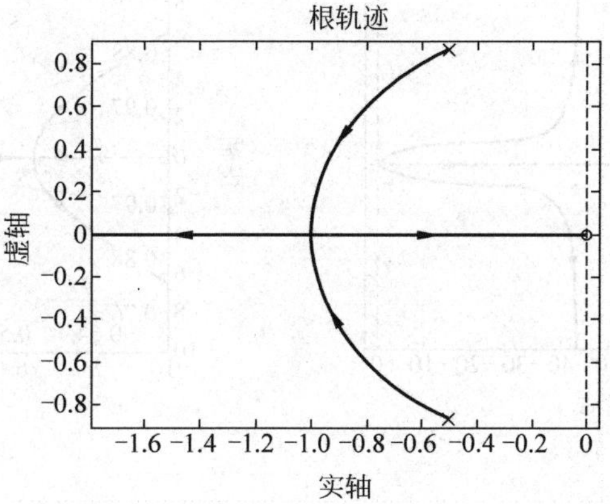

图 8.18

(4) 系统的闭环传递函数为

$$\Phi(s)=\frac{\frac{1}{s(s+1)}}{1+\frac{K_h s+1}{s(s+1)}}=\frac{1}{s^2+(K_h+1)s+1}$$

则

$K_h=0$ 时，$M_p\approx 16.5\%$，　$t_s\approx 8\text{s}$

$K_h=0.5$ 时，$M_p\approx 8\%$，　$t_s\approx 5\text{s}$

$K_h=4$ 时，$M_p\approx 0$，　$t_s\approx 8.5\text{s}$

$K_h>1$ 时，系统没有超调，K_h 越小系统超调越严重。

8-9 设单位反馈控制系统的前向通道传递函数为 $G(s)=\frac{10}{s(s+2)(s+8)}$，试设计一校正装置，使静态速度误差系数 $K_v=80\text{s}^{-1}$，并使闭环主极点位于 $s=-2\pm j2\sqrt{3}$。

解：由根轨迹规则知，可设校正装置传递函数为$\frac{K(s+a)(s+8)}{0.01s+1}$，则系统主要部分的开环传递函数为

$$G(s)=\frac{10K(s+a)}{s(s+2)}$$

其系统主要部分的闭环特征方程为

$$s^2+(2+10K)s+10Ka=0$$

由使静态速度误差系数 $K_v=80\text{s}^{-1}$，得 $Ka=16$；由使闭环主极点位于 $s=-2\pm j2\sqrt{3}$，得 2+

$10K=2\times0.5\sqrt{160}$;解得 $K=1.065$,$a=15$。其根轨迹图如图 8.19 所示。

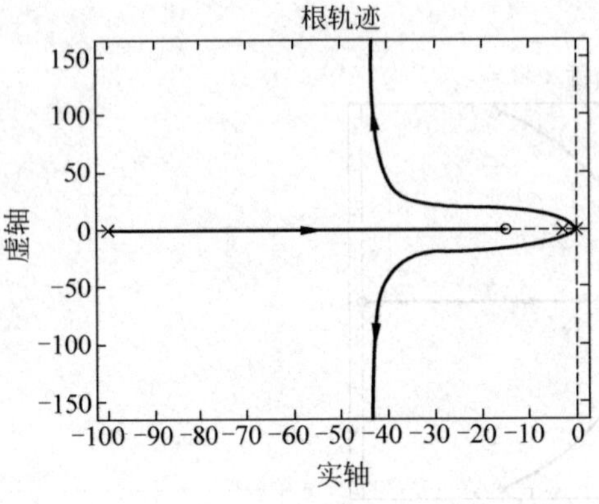

图 8.19

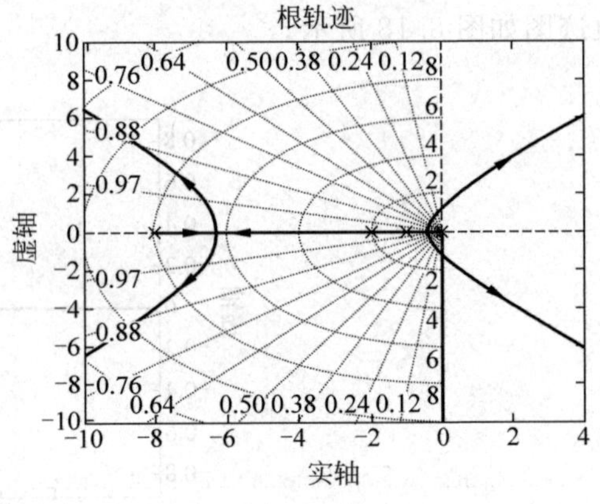

图 8.20

8-10 已知单位反馈控制系统的前向传递函数为 $G(s)=\dfrac{K^*}{s(s+1)(s+2)(s+8)}$,为了使系统闭环主极点具有阻尼比 $\zeta=0.5$,试确定 K 值(K 为系统开环增益,即 K_v 值)。

解:系统根轨迹如图 8-20 所示。

由根轨迹与 0.5 线交点的坐标,再根据幅值条件,可求出

$$K\approx7.5$$

9 控制系统的非线性问题

本章要求了解非线性系统不能运用叠加原理，有异常特性，尚没有统一的分析方法，并着重了解描述函数和相平面法。

掌握描述函数 N 的定义及求法，会用 $-1/N$ 曲线和 $G(\mathrm{j}\omega)$ 曲线分析系统的稳定性，会确定系统是否存在极限环并学会求其频率、幅值。

掌握相平面法的基本概念，掌握解析法和等倾线图解法，了解奇点的分类及极限环，会用相平面法分析简单的二阶非线性系统。

9-1 试求图 9.1 所示非线性器件的描述函数，画出 $-1/N$ 曲线，并指出 $X=0$，$X=1$ 和 $X=\infty$ 时的 $-1/N$ 值。

解： $N=1-\frac{2}{\pi}\arcsin\frac{1}{X}+\frac{2}{\pi X}\sqrt{1-\frac{1}{X^2}}$

$-1/N$ 曲线如图 9.2 所示。

$X=0$ 时，$-\frac{1}{N}=-\infty$；

$X=1$ 时，$-\frac{1}{N}=-\infty$；

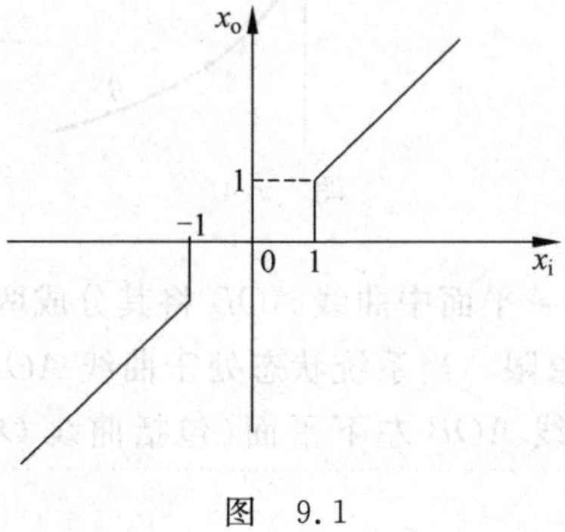

图 9.1

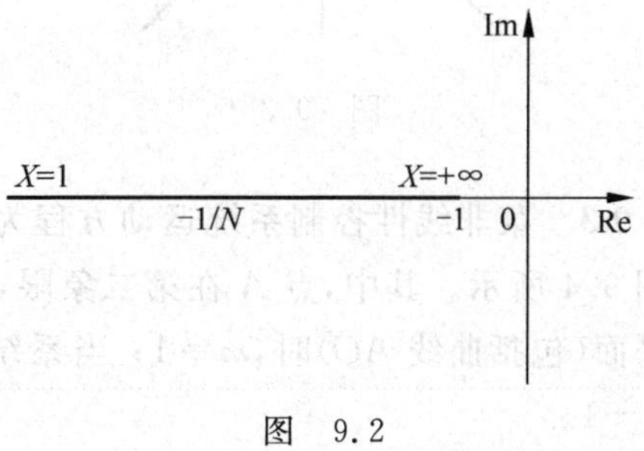

图 9.2

$X=\infty$时，$-\dfrac{1}{N}=-1$。

9-2 已知系统方程为$\ddot{e}+\dot{e}+e=0$。

(1) 求该系统的等倾线方程式；

(2) 在e-$\dot{e}$平面上画出下列斜率的等倾线：$k=0,k=-2,k=1$。

解：(1) 设斜率为k，令$x_1=e,x_2=\dot{e}$，则

$$\dot{x}_1=x_2$$
$$\dot{x}_2=-x_2-x_1$$

因此

$$\frac{\mathrm{d}x_2}{\mathrm{d}x_1}=-\frac{x_1+x_2}{x_2}$$

即

$$k=-\frac{x_1+x_2}{x_2}$$

所以系统的等倾线方程式为

$$\dot{e}=-\frac{1}{k+1}e$$

(2) 当$k=0$时，$\dot{e}=-e$；

当$k=-2$时，$\dot{e}=e$；

当$k=1$时，$\dot{e}=-0.5e$。

在e-$\dot{e}$平面其等倾线如图9.3所示。

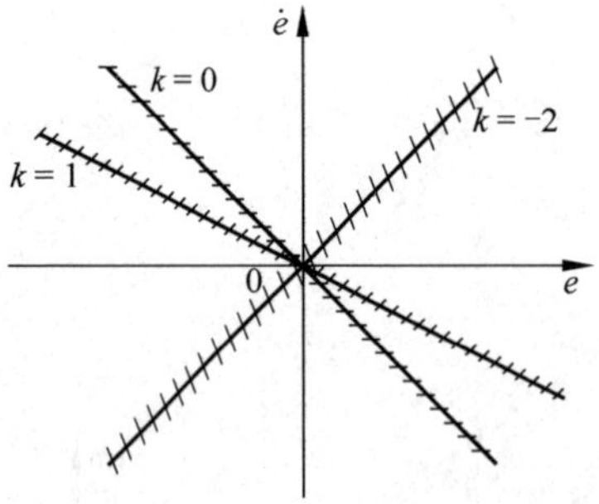

图 9.3

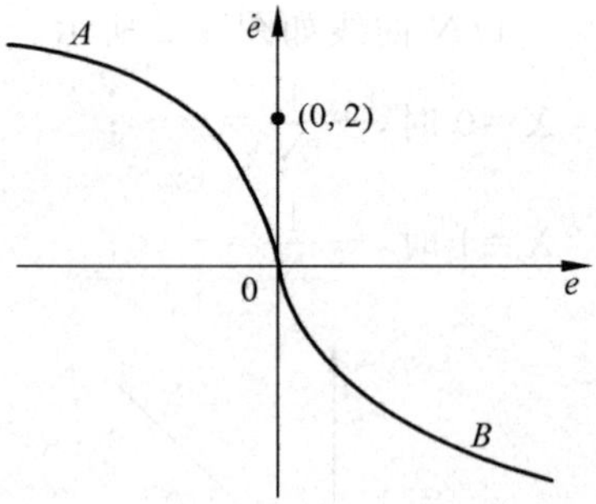

图 9.4

9-3 某非线性控制系统运动方程为$\ddot{e}+m=0$，e-$\dot{e}$平面中曲线AOB将其分成两部分，如图9.4所示。其中，点A在第二象限，点B在第四象限。当系统状态处于曲线AOB右上半平面(包括曲线AO)时，$m=1$；当系统状态处于曲线AOB左下平面(包括曲线OB)时，$m=-1$。

(1) 分别求出上述两个区域的相轨迹方程表达式；

(2) 作起始于点(0,2)的相轨迹线(作到与曲线 BO 相交为止),并标出与 e 轴相交处的坐标。

解:(1) 当系统状态处于 AOB 曲线右上半平面(包括 AO 曲线)时,$m=1$,则有

$$\ddot{e}(t)=-1$$

即

$$\dot{e}\frac{\mathrm{d}\dot{e}}{\mathrm{d}e}=-1$$

亦即

$$\dot{e}\mathrm{d}\dot{e}=-\mathrm{d}e$$

对上式两边积分,得 $\dot{e}^2=-2(e-C)$ (C 为积分常数)。

当系统状态处于 AOB 曲线左下平面(包括 OB 曲线)时,$m=-1$,则有

$$\ddot{e}(t)=1$$

即

$$\dot{e}\frac{\mathrm{d}\dot{e}}{\mathrm{d}e}=1$$

亦即

$$\dot{e}\mathrm{d}\dot{e}=\mathrm{d}e$$

对上式两边积分,得 $\dot{e}^2=2(e-C)$ (C 为积分常数)。

(2) 起始于(0,2)点的相轨迹线是抛物线,与 e 轴相交处坐标为(2,0),如图 9.5 所示。

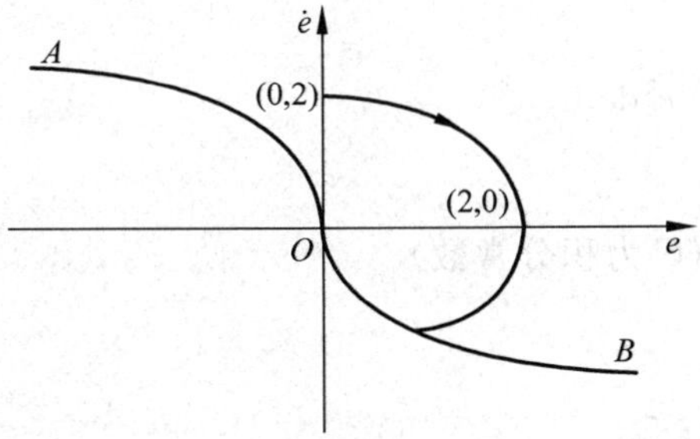

图 9.5

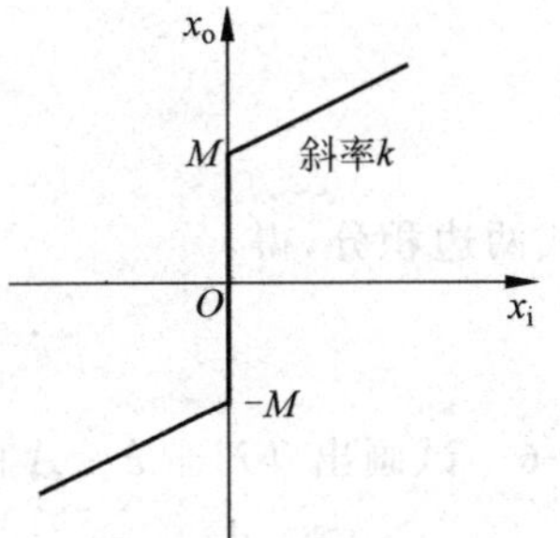

图 9.6

9-4 试求图 9.6 所示非线性环节的描述函数 N。

解:两位置继电特性描述函数 $N=\dfrac{4M}{\pi X}$,故图 9.6 所示非线性环节的描述函数 $N=k+\dfrac{4M}{\pi X}$。

9-5 某非线性反馈系统如图 9.7 所示，其中非线性部分的方程为 $m=e^2$，当输入 $x_i(t)=0$ 时，

(1) 用描述函数法分析其运动；

(2) 用相轨迹法分析其运动。

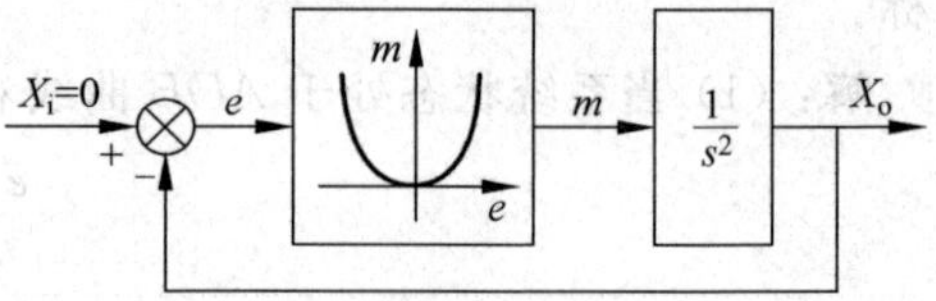

图 9.7

解：(1) 由图 9.7 知

$$\frac{X_o(s)}{m(s)}=\frac{1}{s^2}$$

当没有非线性环节时系统为等幅振荡。

对于非线性环节，设 $e(t)=X\sin\omega t$，则

$$m(t)=e^2(t)=X^2\sin^2\omega t=\frac{X^2}{2}(1-\cos 2\omega t)$$

则

$$m_1(t)=\frac{X^2}{2}$$

因此，当 $X_i=0$ 时系统稳定；当幅值 $X>\sqrt{2}$时系统不稳定。

(2) 由 $\frac{X_o(s)}{m(s)}=\frac{1}{s^2}$ 得 $m(t)=\ddot{x}_o(t)$，则当 $x_i=0$ 时，$m(t)=-\ddot{e}(t)$。另已知 $m(t)=e^2(t)$，则有

$$\ddot{e}(t)=-e^2(t)$$

即

$$\dot{e}\,\frac{\mathrm{d}\dot{e}}{\mathrm{d}e}=-e^2$$

亦即

$$\dot{e}\,\mathrm{d}\dot{e}=-e^2\,\mathrm{d}e$$

对上式两边积分，得

$$\dot{e}^2=-\frac{2}{3}e^3+C \quad (C\text{ 为积分常数})$$

9-6 试画出 $T\ddot{x}+\dot{x}=A$ 的相轨迹图。

解：将 $\ddot{x}=\dot{x}\,\frac{\mathrm{d}\dot{x}}{\mathrm{d}x}$代入方程，得

$$T\dot{x}\,\frac{\mathrm{d}\dot{x}}{\mathrm{d}x}+\dot{x}=A$$

设斜率为 $k=\frac{\mathrm{d}\dot{x}}{\mathrm{d}x}$，则

$$\dot{x}=\frac{A}{Tk+1}$$

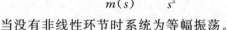

说明等倾线方程为一族水平线。令 $k=0$，得其等倾线方程为 $\dot{x}=A$，令 $k=1$，得其等倾

线方程为 $\dot{x}=\dfrac{A}{T+1}$,等等。

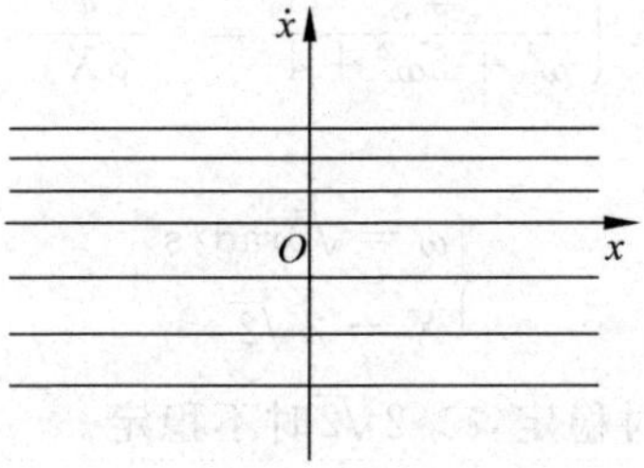

9-7 图 9.8 所示的系统是否稳定?

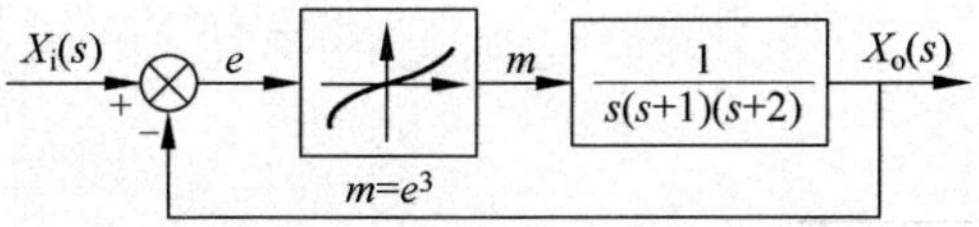

图 9.8

解:设 $e(t)=X\sin\omega t$,则

$$m(t)=e^3(t)=X^3\sin^3\omega t=\frac{3}{4}X^3\sin\omega t-\frac{1}{4}X^3\sin 3\omega t$$

因为输出为奇函数,所以将 $m(t)$ 展开成傅里叶级数时,有

$$A_n=0$$

取傅里叶级数的基波,得

$$m_1(t)=\frac{3}{4}X^3\sin\omega t$$

则

$$N=\frac{m_1}{X}\angle\phi_1=\frac{m_1}{X}\angle 0^\circ=\frac{3}{4}X^2$$

即

$$-\frac{1}{N}=-\frac{4}{3X^2}$$

当输入幅值由 $0\to+\infty$ 时,$-1/N$ 由 $-\infty\to 0$,$-1/N$ 特性为整个负实轴。

系统开环频率特性为

$$G(\mathrm{j}\omega)=\frac{1}{\mathrm{j}\omega(\mathrm{j}\omega+1)(\mathrm{j}\omega+2)}=\frac{-3}{\omega^4+5\omega^2+4}+\mathrm{j}\,\frac{\omega^2-2}{\omega(\omega^4+5\omega^2+4)}$$

解

$$\begin{cases} \dfrac{\omega^2-2}{\omega(\omega^4+5\omega^2+4)}=0 \\ \dfrac{-3}{\omega^4+5\omega^2+4}=-\dfrac{4}{3X^2} \end{cases}$$

得

$$\begin{cases} \omega=\sqrt{2}\mathrm{rad/s} \\ X=2\sqrt{2} \end{cases}$$

对应不稳定极限环，即 $e<2\sqrt{2}$时稳定，$e>2\sqrt{2}$时不稳定。

系统的 $G(\mathrm{j}\omega)$曲线和 $-1/N$ 曲线图如图 9.9 所示。

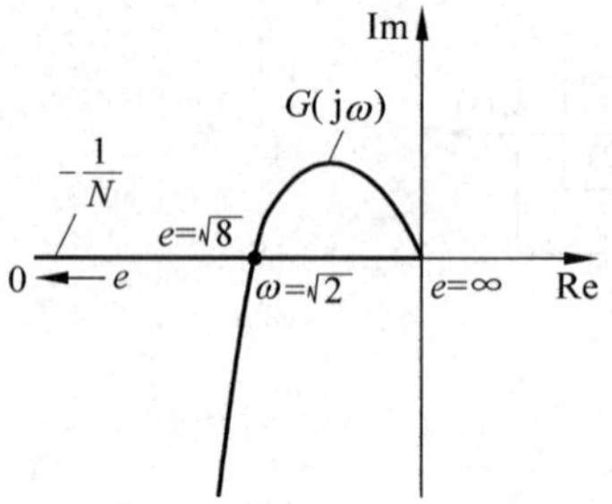

图 9.9

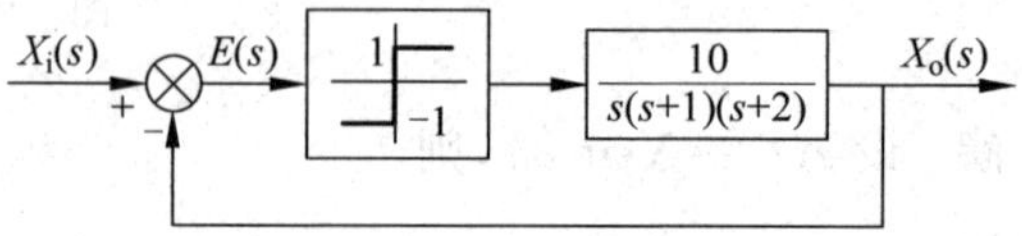

图 9.10

9-8 试确定图 9.10 所示系统极限环对应的振幅和频率。

解：两位置继电特性的描述函数为

$$N=\frac{4}{\pi X}$$

即

$$-\frac{1}{N}=-\frac{\pi X}{4}$$

当输入幅值由 0→+∞时，$-1/N$ 由 0→−∞，$-1/N$ 特性为整个负实轴。

系统开环频率特性为

$$G(\mathrm{j}\omega)=\frac{10}{\mathrm{j}\omega(\mathrm{j}\omega+1)(\mathrm{j}\omega+2)}=\frac{-30}{\omega^4+5\omega^2+4}+\mathrm{j}\frac{10(\omega^2-2)}{\omega(\omega^4+5\omega^2+4)}$$

解

$$\begin{cases} \dfrac{10(\omega^2-2)}{\omega(\omega^4+5\omega^2+4)}=0 \\ \dfrac{-30}{\omega^4+5\omega^2+4}=-\dfrac{\pi X}{4} \end{cases}$$

得

$$\begin{cases}\omega = \sqrt{2}\,(\text{rad/s}) \\ X = \dfrac{20}{3\pi}\end{cases}$$

对应稳定极限环。

系统的 $G(\mathrm{j}\omega)$ 曲线和 $-1/N$ 曲线如图 9.11 所示。

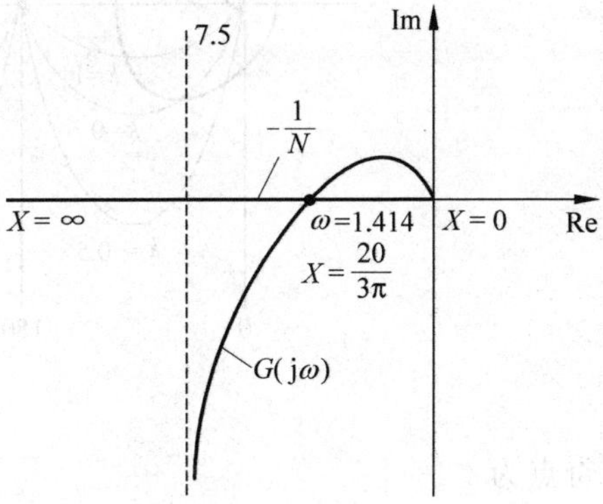

图 9.11

9-9 画出下述系统的相平面图，令 $\theta(0)=0,\dot{\theta}(0)=2$，求时间解。

$$\ddot{\theta}+\dot{\theta}+\sin\theta=0$$

解：设斜率为 k，令 $x_1=\theta,x_2=\dot{\theta}$，则

$$\dot{x}_1=x_2$$

$$\dot{x}_2=-x_2-\sin x_1$$

因此

$$\frac{\mathrm{d}x_2}{\mathrm{d}x_1}=-\frac{\sin x_1+x_2}{x_2}$$

即

$$k=-\frac{\sin x_1+x_2}{x_2}$$

所以系统的等倾线方程式为

$$x_2=-\frac{\sin x_1}{k+1}$$

即

$$\dot{\theta}=-\frac{\sin\theta}{k+1}$$

系统的相平面图如图 9.12 所示，其中左边一条粗线为 $\theta(0)=0,\dot{\theta}(0)=2$ 时随时间变化的轨迹。

9-10 试确定下述系统奇点的类型，并画出相平面图。

$$\ddot{x}-(1-x^2)\dot{x}+x=0$$

解：原方程即

$$\dot{x}\frac{\mathrm{d}\dot{x}}{\mathrm{d}x}-(1-x^2)\dot{x}+x=0$$

则

$$\frac{\mathrm{d}\dot{x}}{\mathrm{d}x}=\frac{(1-x^2)\dot{x}-x}{\dot{x}}$$

解

$$\begin{cases}(1-x^2)\dot{x}-x=0 \\ \dot{x}=0\end{cases}$$

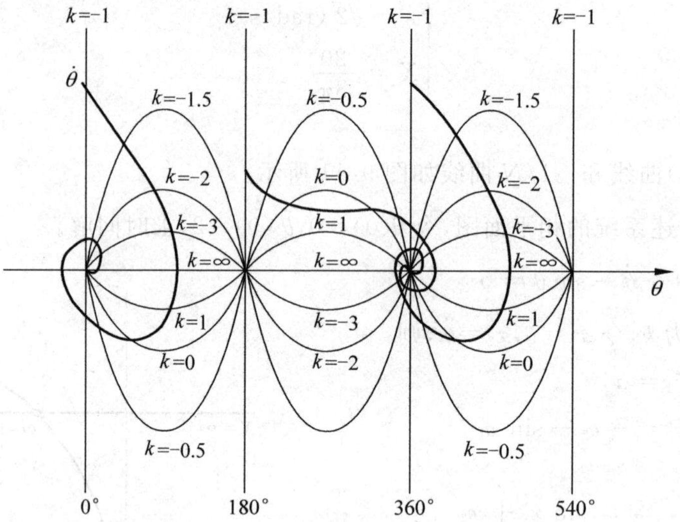

图 9.12

得奇点为

$$\begin{cases} x = 0 \\ \dot{x} = 0 \end{cases}$$

原方程线性化后为 $\ddot{x} - \dot{x} + x = 0$，可求出特征根为 $\lambda_{1,2} = \frac{1}{2} \pm \mathrm{j}\,\frac{\sqrt{3}}{2}$，故该奇点为不稳定焦点。

设斜率为 k，令 $x_1 = x, x_2 = \dot{x}$，则

$$\dot{x}_1 = x_2$$

$$\dot{x}_2 = (1 - x_1^2)x_2 - x_1$$

因此

$$\frac{\mathrm{d}x_2}{\mathrm{d}x_1} = \frac{-x_1 + (1 - x_1^2)x_2}{x_2}$$

即

$$k = \frac{-x_1 + (1 - x_1^2)x_2}{x_2}$$

所以系统的等倾线方程式为

$$\dot{x} = \frac{x}{-k - x^2 + 1}$$

相平面图如图 9.13 所示，形成一个稳定的极限环。

9-11 如图 9.14 所示的系统，初始静止，试在 e-$\dot{e}$ 平面上画出下列输入下的相轨迹图：

(1) $x_i(t) = 0.1, t > 0$；

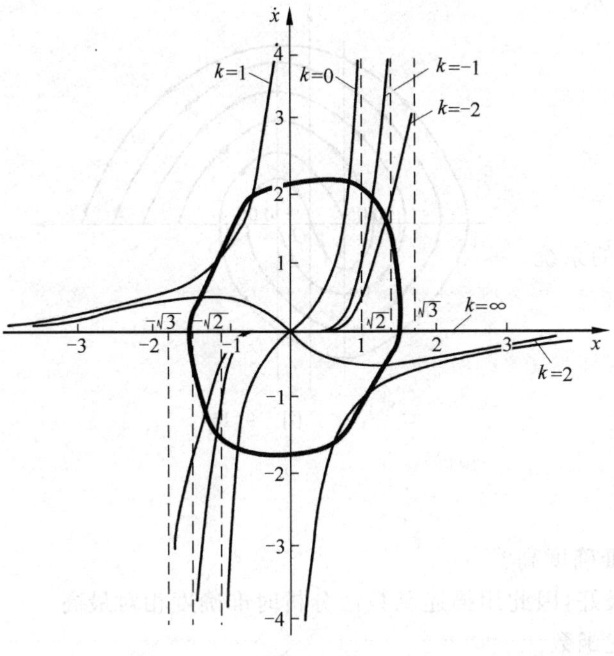

图 9.13

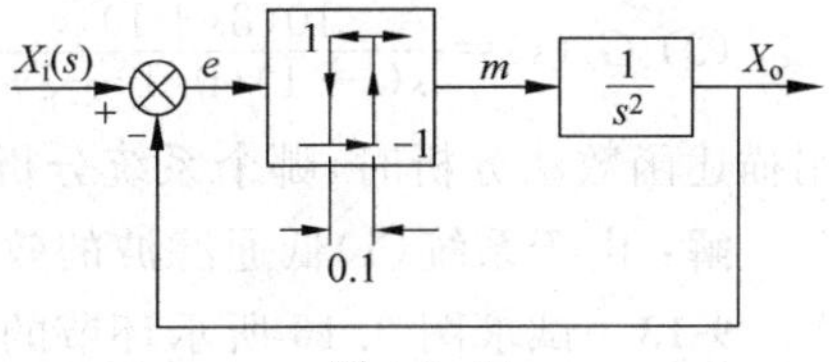

图 9.14

(2) $x_i(t)=0.6t, t>0$。

解：由图知 $\ddot{x}_o=m, e=x_i-x_o$，得

$$\ddot{e}+m=\ddot{x}_i$$

(1) $x_i=0.1$ 时有

$$\ddot{x}_i=0$$

于是

$$\ddot{e}+m=0$$

① $\dot{e}>0$ 的情况

当 $e>0.05$ 时，$m=1$，$\ddot{e}+1=0$，解得

$$\dot{e}^2=-2e+C_1$$

当 $e<0.05$ 时，$m=-1$，$\ddot{e}-1=0$，解得

$$\dot{e}^2=2e+C_2$$

② $\dot{e}<0$ 的情况

当 $e>-0.05$ 时，$m=1$，$\ddot{e}+1=0$，解得

$$\dot{e}^2=-2e+C_3$$

当 $e<-0.05$ 时，$m=-1$，$\ddot{e}-1=0$，解得

$$\dot{e}^2=2e+C_4$$

$x_i=0.1$ 时的相平面图如图 9.15 所示。

(2) $x_i(t)=0.6t$ 时有

$$\ddot{x}_i(t)=0$$

于是

$$\ddot{e}+m=0$$

其相平面图与 $x_i(t)=0.1$ 的情况类似。

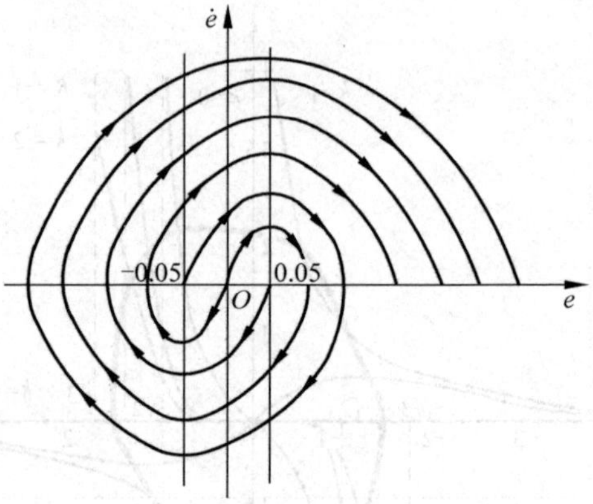

图 9.15

9-12 有 3 个非线性环节完全一样的系统，线性部分如下：

(1) $G_1(s)=\dfrac{10}{s(s+1)}$；

(2) $G_2(s)=\dfrac{10}{s(0.1s+1)}$；

(3) $G_3(s)=\dfrac{10(3s+1)}{s(s+1)(0.1s+1)}$。

用描述函数法分析时，哪个系统分析的准确度高？

解：由于系统(1)低通滤波的效果最好，因此用描述函数法分析时准确度相对最高。

9-13 试求图 9.16 所示环节的描述函数。

解：该环节可近似看成放大倍数 $K=5$，输出大于 15(即输入大于 3)时饱和的饱和非线性环节，因此其描述函数为

$$N=\begin{cases}\dfrac{10}{\pi}\left[\arcsin\dfrac{3}{X}+\dfrac{3}{X}\sqrt{1-\left(\dfrac{3}{X}\right)^2}\right], & X>3\\ 5, & X\leqslant 3\end{cases}$$

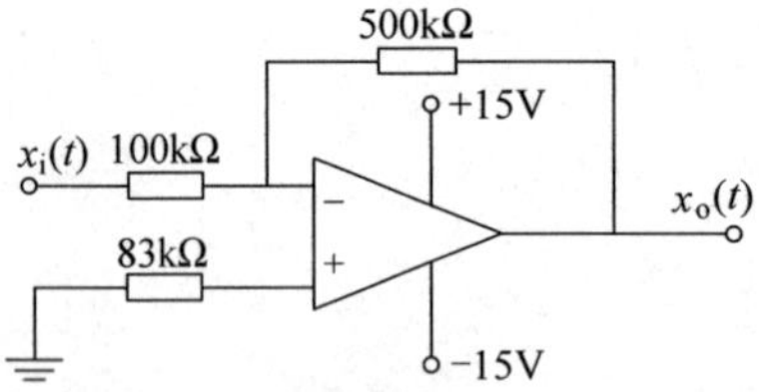

图 9.16

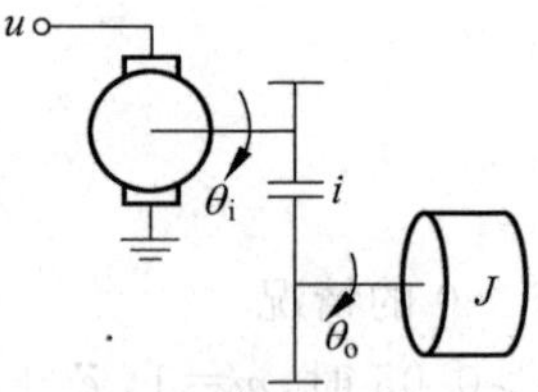

图 9.17

9-14 图 9.17 所示减速齿轮减速比 $i=10$，齿轮间隙为 H，试求描述函数。

解：图 9.17 所示环节可看成间隙非线性环节，间隙为 H，放大斜率 $k=\dfrac{1}{i}=0.1$，因此其描述函数为

$$|N|=0.1\sqrt{\left[\frac{H}{\pi X}\left(\frac{H}{X}-2\right)\right]^2+\left[\frac{1}{\pi}\left(\frac{\pi}{2}+\arcsin\frac{X-H}{X}+\frac{X-H}{X}\sqrt{\frac{2H}{X}-\frac{H^2}{X^2}}\right)\right]^2}$$

$$\angle N=\arctan\frac{H\left(\frac{H}{X}-2\right)}{X\left(\frac{\pi}{2}+\arcsin\frac{X-H}{X}+\frac{X-H}{X}\sqrt{\frac{2H}{X}-\frac{H^2}{X^2}}\right)}$$

9-15 将图 9.18(a)～(d)所示的非线性系统分别化成标准形式的非线性系统，写出线性部分的传递函数。

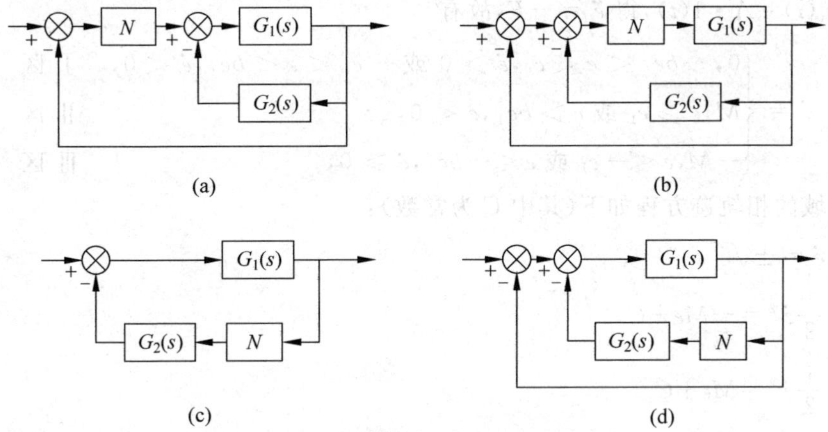

图 9.18

解：(a) $G(s)=\dfrac{G_1(s)}{1+G_1(s)G_2(s)}$；

(b) $G(s)=G_1(s)[1+G_2(s)]$；

(c) $G(s)=G_1(s)G_2(s)$；

(d) $G(s)=\dfrac{G_1(s)G_2(s)}{1+G_1(s)}$。

9-16 图 9.19(a)所示系统的非线性环节特性如图 9.19(b)所示。系统原来静止，设输入为 $x_i(t)=A\cdot 1(t)$，试分别画出下列情况的相轨迹的大致图形。

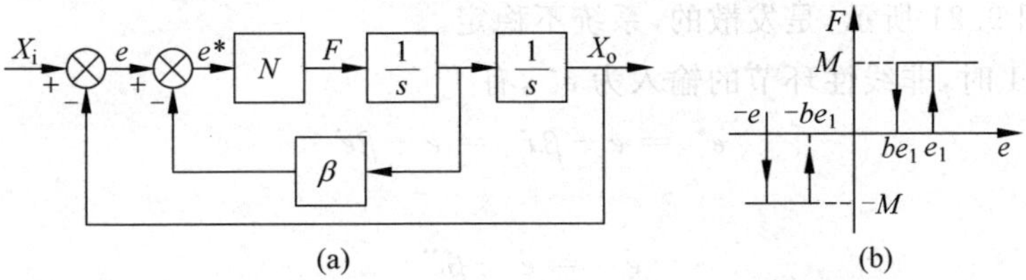

图 9.19

(1) $\beta=0$；

(2) $0<\beta<1$。

解：非线性环节为具有死区、滞环的继电环节，于是有

$$F=\begin{cases}0, -be_1<e^*<e_1, \dot{e}^*>0 \text{ 或 } -e_1<e^*<be_1, \dot{e}^*<0\\ M, e^*\geqslant e_1 \text{ 或 } e^*>be_1, \dot{e}^*<0\\ -M, e^*\leqslant -e_1 \text{ 或 } e^*\leqslant -be_1, \dot{e}^*>0\end{cases}$$

(1) $\beta=0$ 时,系统方块图如图 9.20 所示。由图可得 $F\dfrac{1}{s^2}=X_o$,得 $\ddot{x}_o=F$。

又因 $x_i(t)=A\cdot 1(t)$,得 $\ddot{e}=-F$,故有

$$\ddot{e}=\begin{cases}0, -be_1<e<e_1, \dot{e}>0 \text{ 或 } -e_1<e<be_1, \dot{e}<0, & \text{Ⅰ 区}\\ M, e\geqslant e_1 \text{ 或 } e>be_1, \dot{e}<0, & \text{Ⅱ 区}\\ -M, e\leqslant -e_1 \text{ 或 } e\leqslant -be_1, \dot{e}>0, & \text{Ⅲ 区}\end{cases}$$

3 个区域的相轨迹方程如下(其中 C 为常数):

Ⅰ区:$\dot{e}=\pm\sqrt{C}$

Ⅱ区:$\dfrac{1}{2}\dot{e}^2=-Me+C$

Ⅲ区:$\dfrac{1}{2}\dot{e}^2=Me+C$

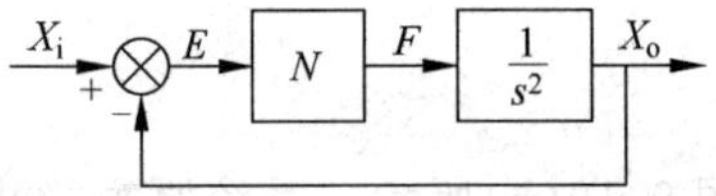

图 9.20

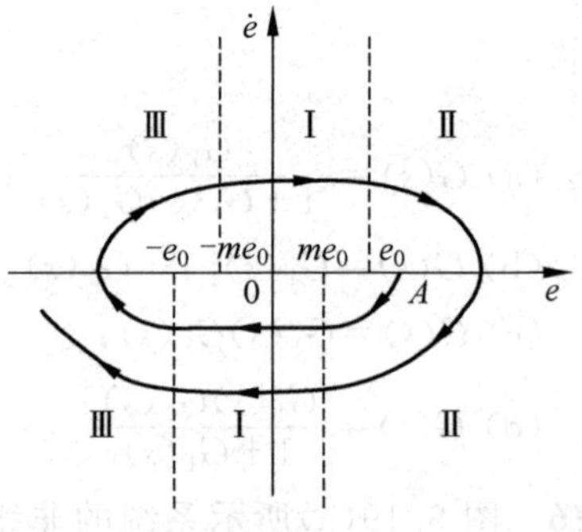

图 9.21

相轨迹如图 9.21 所示,是发散的,系统不稳定。

(2) $0<\beta<1$ 时,非线性环节的输入为 e^*,有

$$e^*=e-\beta\dot{x}_o=e+\beta\dot{e}$$

则

$$\dot{e}^*=\dot{e}+\beta\ddot{e}$$

所以

$$\ddot{e}=\begin{cases}0,-\dfrac{1}{\beta}(e+be_1)<\dot{e}<-\dfrac{1}{\beta}(e-e_1),\dot{e}>0\text{ 或}\\ \quad -\dfrac{1}{\beta}(e+e_1)<\dot{e}<-\dfrac{1}{\beta}(e-be_1),\dot{e}<0, & \text{Ⅰ 区}\\ -M,\dot{e}\geqslant-\dfrac{1}{\beta}(e-e_1)\text{ 或 }\dot{e}\geqslant-\dfrac{1}{\beta}(e-be_1),\dot{e}<0, & \text{Ⅱ 区}\\ M,\dot{e}\leqslant-\dfrac{1}{\beta}(e+e_1)\text{ 或 }\dot{e}\leqslant-\dfrac{1}{\beta}(e+be_1),\dot{e}>0, & \text{Ⅲ 区}\end{cases}$$

3 个区域的相轨迹的 4 条切换线方程如下：

$$\dot{e}=-\frac{1}{\beta}(e-e_1),\quad \dot{e}>0$$

$$\dot{e}=-\frac{1}{\beta}(e+be_1),\quad \dot{e}>0$$

$$\dot{e}=-\frac{1}{\beta}(e+e_1),\quad \dot{e}<0$$

$$\dot{e}=-\frac{1}{\beta}(e-be_1),\quad \dot{e}<0$$

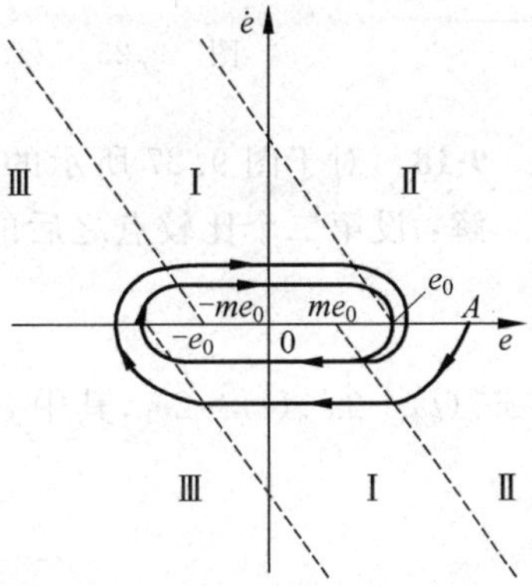

图　9.22

相轨迹如图 9.22 所示，可见加了 β 反馈，系统将收敛成为一个极限环振荡。

9-17　判断下列方程奇点的性质和位置，画出相轨迹的大致图形。

(1) $\ddot{x}+\dot{x}+2x=0$；　　(2) $\ddot{x}+\dot{x}+2x=1$；

(3) $\ddot{x}+3\dot{x}+x=0$；　　(4) $\ddot{x}+3\dot{x}+x+1=0$。

解：(1) 稳定焦点(0,0)，相轨迹如图 9.23 所示。

(2) 稳定焦点(0.5,0)，相轨迹如图 9.24 所示。

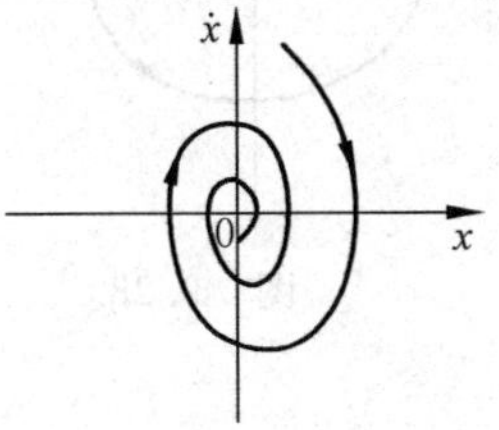

图　9.23

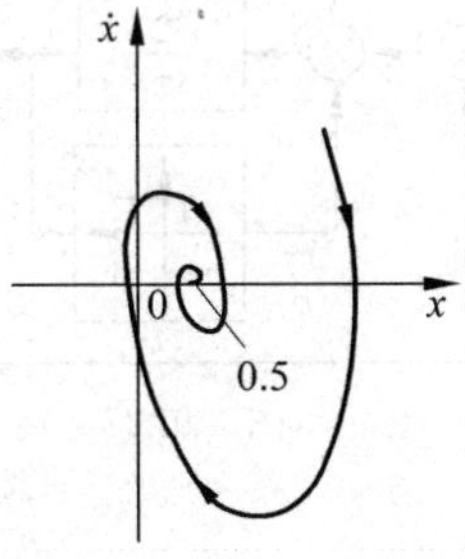

图　9.24

(3) 稳定节点(0,0)，相轨迹如图 9.25 所示。

(4) 稳定节点(−1,0)，相轨迹如图 9.26 所示。

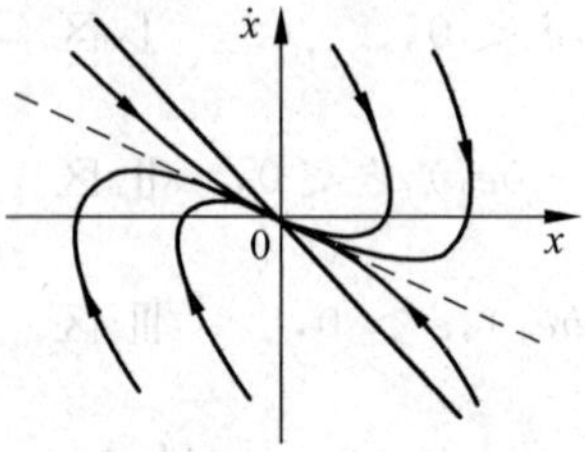

图 9.25

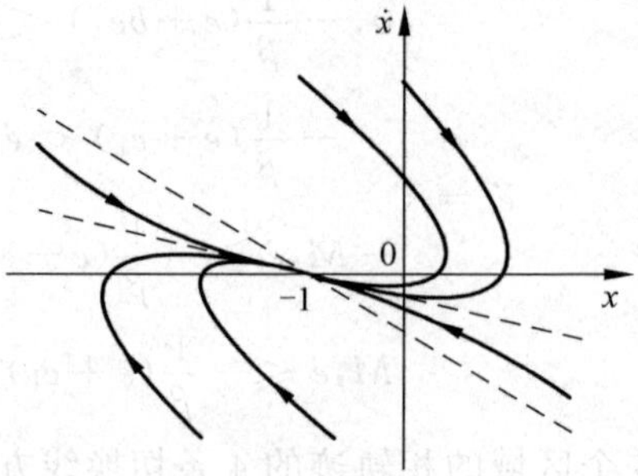

图 9.26

9-18 对于图 9.27 所示的系统,设 $x_i(t)=0$,$e(0)=3.5$,$\dot{e}(0)=0$,试画出相轨迹。

解:设第二个比较点之后的变量为 e_1,继电非线性环节后的变量为 b,则有

$$E_1\frac{2}{s(s+2)}=X_o$$

得 $\ddot{x}_o(t)+2\dot{x}_o(t)=2e_1$,其中 $e_1=e-b$,而 $e=x_i(t)-x_o(t)$,于是

$$\dot{e}=\dot{x}_i(t)-\dot{x}_o(t)$$

$$\ddot{e}=\ddot{x}_i(t)-\ddot{x}_o(t)$$

因此,

$$-\ddot{e}-2\dot{e}=2(e-b)$$

当 $\dot{x}_o(t)>0$ 时,$-\ddot{e}-2\dot{e}=2(e+\dot{e})$,即 $\ddot{e}+4\dot{e}+2e=0$,相轨迹为稳定节点在原点的轨线;当 $\dot{x}_o(t)<0$ 时,$-\ddot{e}-2\dot{e}=2(e-\dot{e})$,即 $\ddot{e}+2e=0$,相轨迹为中心点在原点的椭圆。图 9.28 即为其大致轨迹图。

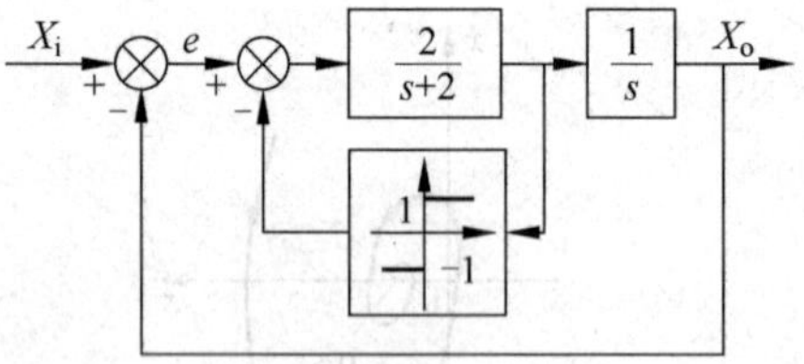

图 9.27

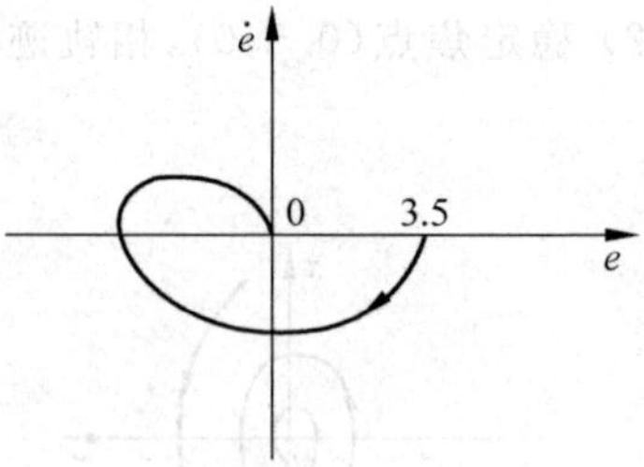

图 9.28

10 计算机控制系统

本章要求了解计算机控制系统的基本概念，掌握 Z 变换这个数学工具，能写出计算机控制系统的传递函数并判断其稳定性，学会设计数字控制器的方法。

10-1 计算机反馈控制系统由哪些部分组成？试说明计算机在计算机控制系统中的作用。

解：典型的计算机控制系统由被控对象、测量环节、数字控制器和执行器等组成。数字控制器用计算机来实现，一般由计算机核心硬件、控制算法（或称控制律，由计算机程序实现）、模-数(A/D)转换器、数-模(D/A)转换器组成，整个系统的操作完全由计算机内的时钟控制。

计算机是数字控制器的核心，在计算机控制系统中起着高精度、高速度地完成计算、判断、控制处理等作用。

10-2 根据零阶保持器的相频特性，当信号的频率为采样频率的 1/5 时，试求保持器所引起的相位误差。

解：零阶保持器的相频特性为

$$\angle G_o(j\omega)=-\frac{\omega T}{2}$$

当信号频率为采样频率的 1/5 时，即

$$\omega=\frac{\omega_s}{5}$$

则

$$T=\frac{2\pi}{\omega_s}=\frac{2\pi}{5\omega}$$

由零阶保持器所引起的相位误差为

$$\angle G_o(j\omega)=-\frac{\omega T}{2}=-\frac{\omega\,\dfrac{2\pi}{5\omega}}{2}=-\frac{\pi}{5}=-36^\circ$$

10-3 试用图说明模拟信号、离散信号和数字信号。

解：模拟信号 $e(t)$ 如图 10.1(a)，离散信号 $e^*(t)$ 如图 10.1(b)，设量化单位为 δ，将 $e^*(t)$ 进行量化即得到数字信号 $e(kT)$，如图 10.1(c)。模拟、离散、数字信号示意图分别如图 10.1(d)～(f)所示。

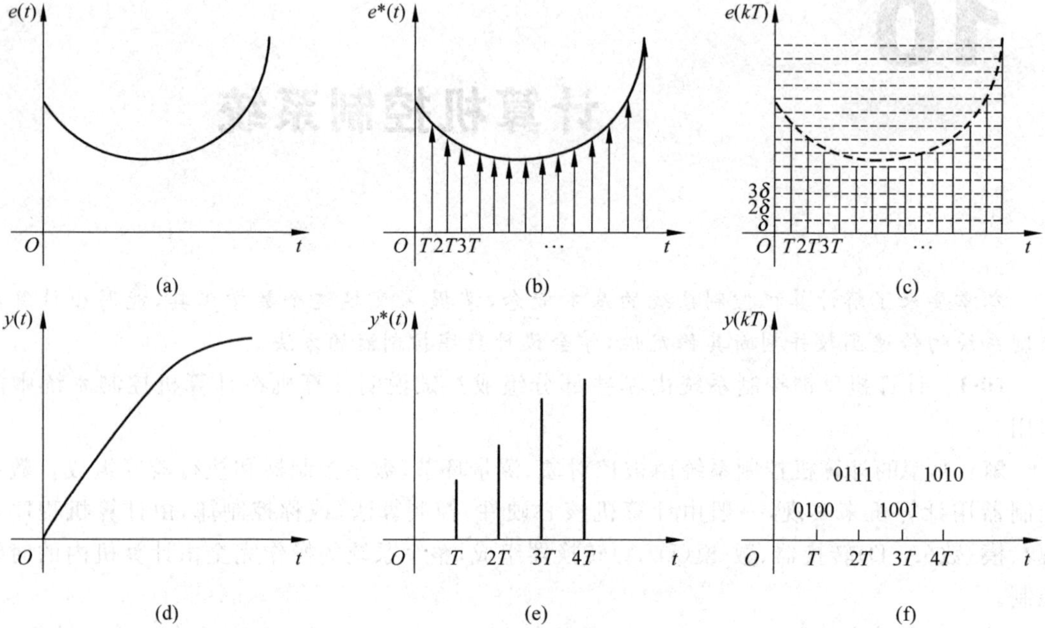

图 10.1

10-4 设有模拟信号 0.5～1V，若字长取 8 位，试求量化单位 δ 及量化误差 ε。

解：量化单位为

$$\delta = \frac{y_{\max}^* - y_{\min}^*}{2^n - 1} = \frac{1 - 0.5}{2^8 - 1} \approx 1.96(\text{mV})$$

量化误差为

$$\varepsilon = \frac{\delta}{2} = \frac{1.96}{2} = 0.98(\text{mV})$$

10-5 求解下列差分方程：

(1) $y(kT) - 3y(kT-2T) + 2y(kT-3T) = 0$，$y(0)=0$，$y(T)=5$，$y(2T)=1$；

(2) $y(kT) - 2y(kT-T) = 3^k$，$y(0)=0$；

(3) $y(kT+2T) - 6y(kT+T) + 8y(kT) = u(kT)$，当 $k<0$ 时，$y(kT)=0$；$u(kT)$ 为单位阶跃序列。

解：(1) 差分方程的特征方程为

$$q^3 - 3q + 2 = (q-1)^2(q+2) = 0$$

其特征根为 $q_1=q_2=1, q_3=-2$。齐次方程的通解为

$$y_1(kT)=A_1+A_2k+A_3(-2)^k$$

该差分方程是一个齐次方程，因此齐次方程的通解也是差分方程的全解，即

$$y(kT)=A_1+A_2k+A_3(-2)^k$$

代入初始条件，得

$$\begin{cases}A_1+A_3=0\\A_1+A_2-2A_3=5\\A_1+2A_2+4A_3=1\end{cases}$$

求出 $A_1=1, A_2=2, A_3=-1$。因而差分方程的全解为

$$y(kT)=1+2k-(-2)^k,\quad k\geqslant 0$$

(2) 差分方程的特征方程为

$$q-2=0$$

其特征根为 $q=2$。齐次方程的通解为

$$y_1(kT)=A2^k$$

设差分方程的特解为 $y_2=B3^k$，代入差分方程试算，得

$$B(3^k-2\times 3^{k-1})=3^k$$

解出 $B=3$。

差分方程的全解为

$$y(kT)=A2^k+3^{k+1}$$

代入初始条件得

$$y(0)=A2^0+3\times 3^0=A+3=0$$

解出 $A=-3$。因此非齐次差分方程的全解为

$$y(kT)=-3\times 2^k+3^{k+1}=3(3^k-2^k),\quad k\geqslant 0$$

(3) 差分方程的特征方程为

$$q^2-6q+8=(q-2)(q-4)=0$$

其特征根为 $q_1=2, q_2=4$。齐次方程的通解为

$$y_1(kT)=A_1 2^k+A_2 4^k$$

由于 $u(kT)$ 为单位阶跃序列，即当 $k\geqslant 0$ 时，$u(kT)=1$，故可设非齐次方程的特解为 $y_2(kT)=B$，代入差分方程得

$$B-6B+8B=1$$

解出 $B=\frac{1}{3}$。

差分方程的全解为

$$y(kT)=A_1 2^k+A_2 4^k+\frac{1}{3}$$

根据差分方程及起始条件，利用迭代法得

$$y(0)=6y(-T)-8y(-2T)=0$$

同理,将 $y(0)=y(T)=0$ 代入全解,得

$$y(T)=6y(0)-8y(-T)=0$$

$$\begin{cases}A_1+A_2+\dfrac{1}{3}=0\\[2ex]2A_1+4A_2+\dfrac{1}{3}=0\end{cases}$$

解出 $A_1=-\dfrac{1}{2}$,$A_2=\dfrac{1}{6}$。因此非齐次差分方程的全解为

$$y(kT)=-\frac{1}{2}\times 2^k+\frac{1}{6}\times 4^k+\frac{1}{3},\quad k\geqslant 0$$

10-6 求下列离散时间序列的 Z 变换:

(1) $x(kT)=k\cdot 1(kT)$,$1(kT)$ 为单位阶跃序列;

(2) $x(kT)=(-1)^k-(-2)^k$;

(3) $x(kT)=\mathrm{e}^{-akT}\cos(bkT)$;

(4) 设某单位脉冲序列定义为

$$\delta(kT)=\begin{cases}1, & k=0,1,2,\cdots,n-1\\ 0, & k=n,n+1,\cdots\end{cases}$$

试求它的 Z 变换;

(5) $x(kT)$ 为周期序列,试求它的 Z 变换。

解:(1) $X(z)=Z[x(kT)]=Z[k\cdot 1(kT)]=\displaystyle\sum_{k=0}^{\infty}kz^{-k}=\frac{z}{(z-1)^2}$

(2)
$$\begin{aligned}X(z)&=Z[x(kT)]=Z[(-1)^k-(-2)^k]=Z[(-1)^k]-Z[(-2)^k]\\&=\sum_{b=0}^{\infty}(-1)^kz^{-k}-\sum_{k=0}^{\infty}(-z)^kz^{-k}\\&=\frac{z}{z+1}-\frac{z}{z+2}=\frac{z}{(z+1)(z+2)}\end{aligned}$$

(3)
$$\begin{aligned}X(z)&=Z[x(kT)]=Z[\mathrm{e}^{-akT}\cos(bkT)]\\&=Z\left[\mathrm{e}^{-akT}\ \frac{\mathrm{e}^{\mathrm{j}bkT}+\mathrm{e}^{-\mathrm{j}bkT}}{2}\right]=Z\left[\frac{1}{2}[\mathrm{e}^{-(a-\mathrm{j}b)kT}+\mathrm{e}^{-(a+\mathrm{j}b)kT}]\right]\\&=\frac{1}{2}\left[\frac{z}{z-\mathrm{e}^{-(a-\mathrm{j}b)T}}+\frac{z}{z-\mathrm{e}^{-(a+\mathrm{j}b)T}}\right]\\&=\frac{1}{2}\ \frac{2z^2-z\mathrm{e}^{-aT}(\mathrm{e}^{\mathrm{j}bT}+\mathrm{e}^{-\mathrm{j}bT})}{z^2-\mathrm{e}^{-aT}(\mathrm{e}^{\mathrm{j}bT}+\mathrm{e}^{-\mathrm{j}bT})z+\mathrm{e}^{-2aT}}\\&=\frac{z^2-z\mathrm{e}^{-aT}\cos(bT)}{z^2-2z\mathrm{e}^{-aT}\cos(bT)+\mathrm{e}^{-2aT}}\end{aligned}$$

(4) $Z[\delta(kT)]=\displaystyle\sum_{k=0}^{\infty}\delta(kT)z^{-k}=\sum_{k=0}^{n-1}z^{-k}=\frac{1-z^{-n}}{1-z^{-1}}$

(5) 设周期为 N,则

$$x(kT) = x(kT + NT)$$

设

$$x_1(kT) = \begin{cases} x(kT), & k = 0,1,\cdots,N-1 \\ 0, & k < 0 \text{ 或 } k \geqslant N \end{cases}$$

则 $x_1(kT)$的 Z 变换 $X_1(z)$为

$$X_1(z) = \sum_{k=0}^{N-1} x(kT) z^{-k}$$

由于

$$x(kT) = \sum_{i=0}^{\infty} x_1(kT - iNT), \quad k \geqslant 0$$

所以

$$X(z) = Z[x(kT)] = \sum_{i=0}^{\infty} z^{-iN} X_1(z) = \frac{1}{1 - z^{-N}} X_1(z)$$

10-7 试求下列函数的初值和终值:

(1) $X(z)=\dfrac{1}{1-z^{-1}}$;

(2) $X(z)=\dfrac{10z^{-1}}{(1-z^{-1})^2}$;

(3) $X(z)=\dfrac{5z^2}{(z-1)(z-2)}$。

解:(1) 应用初值定理:

$$x(0) = \lim_{z\to\infty} X(z) = \lim_{z\to\infty} \frac{1}{1 - z^{-1}} = 1$$

应用终值定理:

$$x(\infty)=\lim_{k\to\infty}x(kT)=\lim_{z\to1}(z-1)X(z)=\lim_{z\to1}(z-1)\frac{1}{1-z^{-1}}=1$$

(2) 应用初值定理:

$$x(0)=\lim_{z\to\infty}X(z)=\lim_{z\to\infty}\frac{10z^{-1}}{(1-z^{-1})^2}=0$$

应用终值定理:

$$x(\infty) = \lim_{k\to\infty}x(kT) = \lim_{z\to1}(1 - z^{-1})X(z) = \lim_{z\to1}(z - 1) \frac{10z^{-1}}{(1 - z^{-1})^2}$$

$$= \lim_{z\to1}(z - 1) \frac{10z}{(z - 1)^2} = \infty$$

(3) 应用初值定理:

$$x(0)=\lim_{z\to\infty}X(z)=\lim_{z\to\infty}\frac{5z^2}{(z-1)(z-2)}=5$$

由于存在单位圆外的极点，所以不能直接用终值定理。

$$X(z)=5\left(\frac{2z}{z-2}-\frac{z}{z-1}\right)$$

取 Z 反变换，得

$$x(kT)=-5\cdot 1(kT)+10\cdot 2^k\cdot 1(kT)$$

$$x(\infty)=\lim_{k\to\infty}x(kT)=\infty$$

10-8 已知连续时间信号的拉氏变换式，求其相应离散时间序列的 Z 变换：

(1) $\dfrac{1}{s+a}$；　(2) $\dfrac{a}{s(s+a)}$；　(3) $\dfrac{a(1-e^{-Ts})}{s(s+a)}$；　(4) $\dfrac{1}{(s+a)^2}$。

解：(1) 设 $X(s)=\dfrac{1}{s+a}$，则由拉氏反变换可求出连续时间信号

$$x(t)=L^{-1}[X(s)]=e^{-at}\cdot 1(t)$$

对 $x(t)$ 按周期 T 进行采样，得

$$x(kT)=e^{-akT}\cdot 1(kT)$$

对 $x(kT)$ 取 Z 变换，得

$$X(z)=Z[x(kT)]=\sum_{k=0}^{\infty}x(kt)\cdot z^{-k}=\sum_{k=0}^{\infty}e^{-akT}z^{-k}=\frac{z}{z-e^{-aT}}$$

(2) 设 $X(s)=\dfrac{a}{s(s+a)}$，则

$$x(t)=L^{-1}[X(s)]=L^{-1}\left(\frac{1}{s}-\frac{1}{s+a}\right)=(1-e^{-at})\cdot 1(t)$$

对 $x(t)$ 按周期 T 进行采样，得

$$x(kT)=(1-e^{-akT})\cdot 1(kT)$$

对 $x(kT)$ 取 Z 变换，得

$$X(z)=Z[x(kT)]=\sum_{k=0}^{\infty}(1-e^{-akT})z^{-k}=\sum_{k=0}^{\infty}z^{-k}-\sum_{k=0}^{\infty}e^{-akT}z^{-k}$$

$$=\frac{z}{z-1}-\frac{z}{z-e^{-aT}}=\frac{z(1-e^{-aT})}{(z-1)(z-e^{-aT})}$$

(3) 设 $X(s)=\dfrac{a(1-e^{-Ts})}{s(s+a)}$，则

$$x(t)=L^{-1}[X(s)]=L^{-1}\left[(1-e^{-Ts})\left(\frac{1}{s}-\frac{1}{s+a}\right)\right]$$

$$=1(t)-e^{-at}\cdot 1(t)-1(t-T)+e^{-a(t-T)}\cdot 1(t-T)$$

对 $x(t)$ 按周期 T 进行采样，得

$$x(kT)=1(kT)-e^{-akT}\cdot 1(kT)-1(kT-T)+e^{-a(kT-T)}\cdot 1(kT-T)$$

对 $x(kT)$ 取 Z 变换，得

$$X(z)=Z[x(kT)]=Z[1(kT)-e^{-akT}\cdot 1(kT)]-Z[1(kT-T)+e^{-a(kT-T)}\cdot 1(kT-T)]$$

$$= (1-z^{-1})Z[1(kT)-e^{-akT}] = \frac{1-e^{-aT}}{z-e^{-aT}}$$

(4) 设 $X(s)=\dfrac{1}{(s+a)^2}$，则

$$x(t) = L^{-1}[X(s)] = te^{-at}\cdot 1(t)$$

对 $x(t)$ 按周期 T 进行采样，得

$$x(kT) = kTe^{-akT}\cdot 1(kT)$$

对 $x(kT)$ 取 Z 变换，得

$$X(z) = Z[x(kT)] = \frac{Te^{-aT}z}{(z-e^{-aT})^2}$$

10-9 求下列函数的 Z 反变换：

(1) $X(z)=\dfrac{5}{z^{-2}+z^{-1}-6}$；　(2) $X(z)=\dfrac{z(1-e^{-T})}{(z-1)(z-e^{-T})}$；

(3) $X(z)=\dfrac{z^2}{(z-1)^2(z-2)}$；　(4) $X(z)=\dfrac{z^2+1}{z(z-1)(z-2)}$。

解：(1) $X(z)=\dfrac{5}{z^{-2}+z^{-1}-6}=\dfrac{-1}{z^{-1}+3}+\dfrac{1}{z^{-1}-2}=-\dfrac{1}{3}\dfrac{z}{z+\dfrac{1}{3}}-\dfrac{1}{2}\dfrac{z}{z-\dfrac{1}{2}}$

$$x(kT)=Z^{-1}[X(z)]=\left(-\frac{1}{3}\right)^{k+1}-\left(\frac{1}{2}\right)^{k+1},\quad k\geqslant 0$$

(2) $X(z)=\dfrac{z(1-e^{-T})}{(z-1)(z-e^{-T})}=z\left(\dfrac{1}{z-1}+\dfrac{-1}{z-e^{-T}}\right)=\dfrac{z}{z-1}-\dfrac{z}{z-e^{-T}}$

$$x(kT)=Z^{-1}[X(z)]=1(kT)-e^{-kT},\quad k\geqslant 0$$

(3) $X(z)=\dfrac{z^2}{(z-1)^2(z-2)}=\dfrac{2z}{z-2}-\dfrac{z}{(z-1)^2}-\dfrac{2z}{z-1}$

$$x(kT)=Z^{-1}[X(z)]=2^{k+1}-k-2,\quad k\geqslant 0$$

(4) 当 $k\geqslant 2$ 时，$X(z)z^{k-1}$ 包含两个一阶极点 $z_1=1, z_2=2$，由留数定理得

$$x(kT)=\lim_{z\to 1}(z-1)\frac{z^2+1}{(z-1)(z-2)}z^{k-2}+\lim_{z\to 2}(z-2)\frac{z^2+1}{(z-1)(z-2)}z^{k-2}$$

$$=-2+5\times 2^{k-2}$$

当 $k=1$ 时，$X(z)z^{k-1}$ 除包含上述极点外，还包含一个一阶极点 $z_3=0$，由留数定理得

$$x(kT)=\lim_{z\to 1}(z-1)\frac{z^2+1}{(z-1)(z-2)}z^{-1}+\lim_{z\to 2}(z-2)\frac{z^2+1}{(z-1)(z-2)}z^{-1}$$

$$+\lim_{z\to 0}z\frac{z^2+1}{(z-1)(z-2)}z^{-1}=1$$

当 $k=0$ 时，$X(z)z^{k-1}$ 包含一个二阶极点 $z_1=0$ 和两个一阶极点 $z_2=1, z_3=2$。由留数定理得

$$x(kT)=\lim_{z\to 0}\frac{1}{(2-1)!}\frac{d}{dz}\left[z^2\frac{z^2+1}{(z-1)(z-2)}z^{-2}\right]$$

$$+\lim_{z\to 1}(z-1)\frac{z^2+1}{(z-1)(z-2)}z^{-2}$$

$$+\lim_{z\to 2}(z-2)\frac{z^2+1}{(z-1)(z-2)}z^{-2}=0$$

综合上述结果，可以得到

$$x(kT)=\begin{cases}0, & k=0\\ 1, & k=1\\ -2+5\times 2^{k-2}, & k\geqslant 2\end{cases}$$

10-10 已知系统的差分方程，用 Z 变换求单位阶跃输入时的 $y(kT)$。

(1) $y(kT)=0.75y(kT-T)-0.125y(kT-2T)+u(kT)$，$y(-T)=y(-2T)=0$；

(2) $y(kT+2T)+3y(kT+T)+2y(kT)=u(kT)+2u(kT-T)$，$y(0)=y(T)=0$。

解：(1) 由于 $y(-T)=y(-2T)=0$，利用滞后性质，对差分方程两边取 Z 变换得

$$Y(z)=0.75z^{-1}Y(z)-0.125z^{-2}Y(z)+\frac{z}{z-1}$$

$$Y(z)=\frac{1}{1-0.75z^{-1}+0.125z^{-2}}\frac{z}{z-1}=\frac{\frac{1}{3}z}{z-\frac{1}{4}}+\frac{-2z}{z-\frac{1}{2}}+\frac{\frac{8}{3}z}{z-1}$$

对 $Y(z)$ 取 Z 反变换，得

$$y(kT)=\frac{1}{3}\left(\frac{1}{4}\right)^k-2\left(\frac{1}{2}\right)^k+\frac{8}{3},\quad k\geqslant 0$$

(2) 对差分方程两边取 Z 变换，得

$$z^2Y(z)-z^2y(0)-zy(T)+3zY(z)-3zy(0)+2Y(z)=\frac{z}{z-1}+2\frac{1}{z-1}$$

代入初始条件，得

$$Y(z)=\frac{1+2z^{-1}}{z^2+3z+2}\frac{z}{z-1}=\frac{1}{(z+1)(z-1)}=-\frac{1}{2}\frac{1}{z+1}+\frac{1}{2}\frac{1}{z-1}$$

对 $Y(z)$ 取 Z 反变换，得

$$y(kT)=\frac{1}{2}+\frac{1}{2}(-1)^k,\quad k\geqslant 1$$

10-11 试用 Z 变换法求解差分方程。

(1) $y(kT+2T)+3y(kT+T)+2y(kT)=0$，$y(0)=0$，$y(T)=1$；

(2) $y(kT)+2y(kT-T)-2y(kT-2T)=x(kT)+2x(kT-T)$，

$$y(-T)=y(-2T)=0,\ x(kT)=\begin{cases}\mathrm{e}^{-akT}, & k\geqslant 0;\\ 0, & k<0\end{cases}$$

(3) $y(kT)+4y(kT-T)+3y(kT-2T)=u(kT)$，$y(0)=y(T)=0$，$u(kT)$ 为单位阶跃序列；

(4) $y(kT+2T)+2y(kT+T)+y(kT)=k, y(0)=1, y(T)=2$。

解：(1) 利用超前性质，对差分方程两边取 Z 变换，得

$$[z^2Y(z)-z^2y(0)-zy(T)]+3[zY(z)-zy(0)]+2Y(z)=0$$

代入初始条件，得

$$[z^2Y(z)-z]+3zY(z)+2Y(z)=0$$

$$Y(z)=\frac{z}{(z+1)(z+2)}=\frac{2}{z+2}-\frac{1}{z+1}$$

对 $Y(z)$ 取 Z 反变换，得

$$y(kT)=Z^{-1}[Y(z)]=(-1)^k-(-2)^k,\quad k\geqslant 0$$

(2) 由于 $y(-T)=y(-2T)=0$ 及 $x(-T)=0$，利用滞后性质，对差分方程两边取 Z 变换得

$$Y(z)+2z^{-1}Y(z)-2z^{-2}Y(z)=\frac{z}{z-e^{-aT}}+2z^{-1}\frac{z}{z-e^{-aT}}$$

$$Y(z)=\frac{z^2(z+2)}{(z+1-\sqrt{3})(z+1+\sqrt{3})(z-e^{-aT})}$$

利用留数法对 $Y(z)$ 取 Z 反变换，得

$$\begin{aligned}y(kT)=&\lim_{z\to-1+\sqrt{3}}(z+1-\sqrt{3})\frac{z^2(z+2)}{(z+1-\sqrt{3})(z+1+\sqrt{3})(z-e^{-aT})}z^{k-1}\\&+\lim_{z\to-1-\sqrt{3}}(z+1+\sqrt{3})\frac{z^2(z+2)}{(z+1-\sqrt{3})(z+1+\sqrt{3})(z-e^{-aT})}z^{k-1}\\&+\lim_{z\to e^{-aT}}(z-e^{-aT})\frac{z^2(z+2)}{(z+1-\sqrt{3})(z+1+\sqrt{3})(z-e^{-aT})}z^{k-1}\\=&\frac{3+\sqrt{3}}{6(\sqrt{3}-1-e^{-aT})}(-1+\sqrt{3})^{k+1}+\frac{\sqrt{3}-3}{6(\sqrt{3}+1+e^{-aT})}(-1-\sqrt{3})^{k+1}\\&+\frac{2+e^{-aT}}{e^{-2aT}+2e^{-aT}-2}e^{-a(k+1)T},\quad k\geqslant 0\end{aligned}$$

(3) $y(kT)+4y(kT-T)+3y(kT-2T)=u(kT), y(0)=y(T)=0, u(kT)$ 为单位阶跃序列。

利用滞后性质，对差分方程两边取 Z 变换得

$$Y(z)+4z^{-1}Y(z)+3z^{-2}Y(z)=\frac{z}{z-1}$$

$$Y(z)=\frac{z^3}{(z+3)(z+1)(z-1)}$$

用留数法时 $Y(z)$ 取 Z 反变换，得

$$y(kT)=\lim_{z\to-3}(z+3)\frac{z^3}{(z+3)(z+1)(z-1)}z^{k-1}$$

$$+\lim_{z\to -1}(z+1)\frac{z^3}{(z+3)(z+1)(z-1)}z^{k-1}$$

$$+\lim_{z\to 1}(z-1)\frac{z^3}{(z+3)(z+1)(z-1)}z^{k-1}$$

$$=\frac{9}{8}(-3)^k-\frac{1}{4}(-1)^k+\frac{1}{8},\quad k\geqslant 0$$

(4) 对差分方程两边取 Z 变换,得

$$[z^2Y(z)-z^2y(0)-zy(T)]+2[zY(z)-zy(0)]+Y(z)=\frac{z}{(z-1)^2}$$

代入初始条件,得

$$[z^2Y(z)-z^2-2z]+2[zY(z)-z]+Y(z)=\frac{z}{(z-1)^2}$$

$$Y(z)=\frac{z(z+4)(z-1)^2+z}{(z+1)^2(z-1)^2}$$

利用留数法对 $Y(z)$ 取 Z 反变换,得

$$y(kT)=\frac{1}{(2-1)!}\lim_{z\to -1}\frac{\mathrm{d}}{\mathrm{d}z}\left[(z+1)^2\frac{z(z+4)(z-1)^2+z}{(z+1)^2(z-1)^2}z^{k-1}\right]$$

$$+\frac{1}{(2-1)!}\lim_{z\to 1}\frac{\mathrm{d}}{\mathrm{d}z}\left[(z-1)^2\frac{z(z+4)(z-1)^2+z}{(z+1)^2(z-1)^2}z^{k-1}\right]$$

$$=\frac{(5-13k)(-1)^k+k-1}{4},\quad k\geqslant 0$$

10-12 系统的结构如图10.2所示,求输出量 $y(kT)$ 的 Z 变换。

解:(a)

$$Y(z)=Z\left[\frac{1-\mathrm{e}^{-Ts}}{s}\frac{K}{s(s+a)}\right]X(z)$$

$$=(1-z^{-1})Z\left[\frac{K}{s^2(s+a)}\right]X(z)$$

$$=(1-z^{-1})Z\left[\frac{K}{a^2}\left(\frac{a}{s^2}-\frac{1}{s}+\frac{1}{s+a}\right)\right]X(z)$$

$$=\frac{K}{a^2}(1-z^{-1})\left[\frac{aTz}{(z-1)^2}-\frac{z}{z-1}+\frac{z}{z-\mathrm{e}^{-aT}}\right]X(z)$$

(b)

$$Y(z)=\frac{Z[W(s)]}{1+Z[W(s)H(s)]}X(z)$$

$$=\frac{W(z)}{1+WH(z)}X(z)$$

(c)

$$Y(z)=\frac{Z[D(s)]Z[W(s)]}{1+Z[D(s)]Z[W(s)H(s)]}=\frac{D(z)W(z)}{1+D(z)WH(z)}X(z)$$

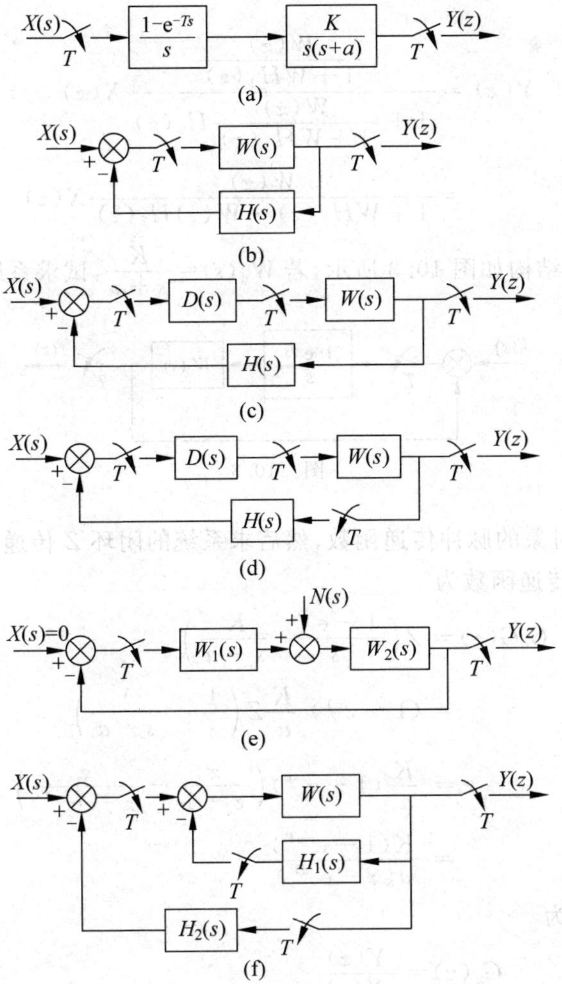

图 10.2

(d)

$$Y(z)=\frac{Z[D(s)]Z[W(s)]}{1+Z[D(s)]Z[W(s)]Z[H(s)]}$$

$$=\frac{D(z)W(z)}{1+D(z)W(z)H(z)}X(z)$$

(e)

$$Y(z)=-Y(z)Z[W_1(s)W_2(s)]+Z[N(s)W_2(s)]$$

$$=-Y(z)W_1W_2(z)+NW_2(z)$$

$$Y(z)=\frac{NW_2(z)}{1+W_1W_2(z)}$$

(f)

$$Y(z)=\frac{\dfrac{W(z)}{1+WH_1(z)}}{1+\dfrac{W(z)}{1+WH_1(z)}H_2(z)}X(z)$$

$$=\frac{W(z)}{1+WH_1(z)+W(z)H_2(z)}X(z)$$

10-13 设系统的结构如图 10.3 所示，若 $W_d(s)=\dfrac{K}{s+a}$，试求系统的闭环 Z 传递函数。

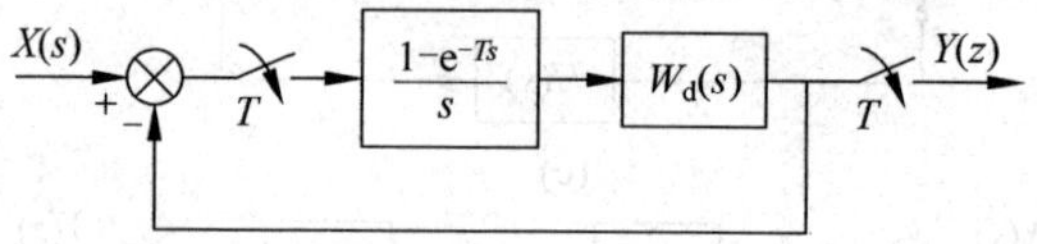

图 10.3

解：先求出广义对象的脉冲传递函数，然后求系统的闭环 Z 传递函数。

广义对象的脉冲传递函数为

$$G_oG(z)=Z\left(\frac{1-e^{-Ts}}{s}\frac{K}{s+a}\right)$$

$$=(1-z^{-1})\frac{K}{a}Z\left(\frac{1}{s}-\frac{1}{s+a}\right)$$

$$=\frac{K}{a}(1-z^{-1})\left(\frac{z}{z-1}-\frac{z}{z-e^{-aT}}\right)$$

$$=\frac{K(1-e^{-aT})}{a(z-e^{-aT})}$$

闭环 Z 传递函数为

$$G_c(z)=\frac{Y(z)}{X(z)}$$

$$=\frac{G_oG(z)}{1+G_oG(z)}$$

$$=\frac{K(1-e^{-aT})}{a(z-e^{-aT})+K(1-e^{-aT})}$$

10-14 分析下面两个状态空间模型是否代表同一系统。

系统Ⅰ：$\begin{cases}x(kT+T)=\begin{bmatrix}0 & 1\\ -0.1 & -0.7\end{bmatrix}x(kT)+\begin{bmatrix}0\\ 1\end{bmatrix}u(kT)\\ y(kT)=\begin{bmatrix}-1 & 2.2\end{bmatrix}x(kT)+2u(kT)\end{cases}$

系统Ⅱ：$\begin{cases}x(kT+T)=\begin{bmatrix}-0.7 & 1\\ -0.1 & 0\end{bmatrix}x(kT)+\begin{bmatrix}2.2\\ -1\end{bmatrix}u(kT)\\ y(kT)=\begin{bmatrix}1 & 0\end{bmatrix}x(kT)+2u(kT)\end{cases}$

解：分别求两个状态空间模型所描述系统的脉冲传递函数。

对于系统Ⅰ：

$$\phi=\begin{bmatrix}0 & 1\\ -0.1 & -0.7\end{bmatrix},\quad \Gamma=\begin{bmatrix}0\\1\end{bmatrix},\quad C=[-1\quad 2.2],\quad D=2$$

$$(zI-\phi)^{-1}=\frac{\begin{bmatrix}z+0.7 & 1\\ -0.1 & z\end{bmatrix}}{|zI-\phi|}=\frac{\begin{bmatrix}z+0.7 & 1\\ -0.1 & z\end{bmatrix}}{z^2+0.7z+0.1},$$

$$G(z)=C(zI-\phi)^{-1}\Gamma+D$$

$$=\frac{1}{z^2+0.7z+0.1}[-1\quad 2.2]\begin{bmatrix}z+0.7 & 1\\ -0.1 & z\end{bmatrix}\begin{bmatrix}0\\1\end{bmatrix}+2=\frac{2z^2+3.6z-0.8}{z^2+0.7z+0.1}$$

对于系统Ⅱ：

$$\phi=\begin{bmatrix}-0.7 & 1\\ -0.1 & 0\end{bmatrix},\quad \Gamma=\begin{bmatrix}2.2\\-1\end{bmatrix},\quad C=[1\quad 0],\quad D=2$$

$$(zI-\phi)^{-1}=\frac{\begin{bmatrix}z & 1\\ -0.1 & z+0.7\end{bmatrix}}{z^2+0.7z+0.1},$$

$$G(z)=C(zI-\phi)^{-1}\Gamma+D$$

$$=\frac{1}{z^2+0.7z+0.1}[1\quad 0]\begin{bmatrix}z & 1\\ -0.1 & z+0.7\end{bmatrix}\begin{bmatrix}2.2\\-1\end{bmatrix}+2$$

$$=\frac{2z^2+3.6z-0.8}{z^2+0.7z+0.1}$$

系统Ⅰ和系统Ⅱ具有相同的脉冲传递函数，故上述两个状态空间模型代表同一线性系统。

10-15 s 平面与 z 平面的映射关系为 $z=e^{sT}$。

(1) s 平面的虚轴，映射到 z 平面为以原点为圆心的单位圆周。

(2) s 平面的虚轴，当 ω 由 $0\to\infty$ 变化时，z 平面上轨迹的变化为由实轴上(1,0)点开始以 $\frac{2\pi}{T}$ 为角频率沿逆时针方向画圆心在原点的单位圆。

(3) s 平面的左半平面映射到 z 平面为以原点为圆心的单位圆内。

(4) s 平面的右半平面映射到 z 平面为以原点为圆心的单位圆外。

10-16 用代数判据法判断下列系统的稳定性：

(1) 系统的特征方程为 $z^3-2z^2-z+2=0$；

(2) $x(kT+T)=\begin{bmatrix}1 & 0.5\\ 0.5 & 0\end{bmatrix}x(kT)$。

解：(1) 其 Jury 算表为

$$\begin{array}{cccccc} 1 & -2 & -1 & 2 & & \\ 2 & -1 & -2 & 1 & & \alpha_2=2 \\ -3 & 0 & 3 & & & \\ 3 & 0 & -3 & & & \alpha_1=-1 \\ 0 & 0 & 0 & & & \end{array}$$

因为第三行第一列的元素为负数($-3<0$),所以由 Jury 稳定性判据可知系统不稳定。

(2) 先由离散系统状态空间方程求系统的特征多项式,然后由 Jury 算表判断系统的稳定性。

离散系统的状态矩阵为

$$\Phi=\begin{bmatrix}1 & 0.5\\ 0.5 & 0\end{bmatrix}$$

系统的特征多项式为

$$|zI-\Phi|=z^2-z-0.25$$

根据系统的特征多项式,写出 Jury 算表

$$\begin{array}{ccccc} 1 & -1 & -0.25 & & \\ -0.25 & -1 & 1 & & \alpha_2=-0.25 \\ 0.9375 & -1.25 & & & \\ -1.25 & 0.9375 & & & \alpha_1=-\dfrac{4}{3} \\ -0.729 & & & & \end{array}$$

因为第五行第一列的元素为负数($-0.729<0$),所以由 Jury 判据可知系统不稳定。

10-17 系统如图 10.4 所示,其中 $T=1\text{s}$, $K=2$,

(1) 试判断系统的稳定性;

(2) 当采样频率不变,但 $K=20$ 时,系统的稳定性又如何?

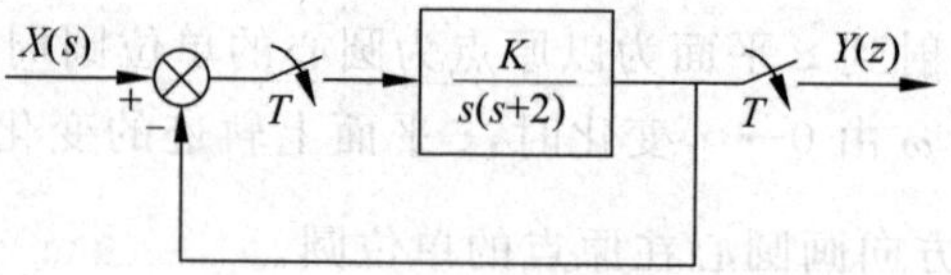

图 10.4

解:设 $G(s)=\dfrac{K}{s(s+2)}$,则

$$G(z)=Z\left[\frac{K}{s(s+2)}\right]=\frac{K}{2}Z\left[\frac{1}{s}-\frac{1}{s+2}\right]$$

$$=\frac{K}{2}\left(\frac{z}{z-1}-\frac{z}{z-\mathrm{e}^{-2T}}\right)=\frac{\frac{K}{2}z(1-\mathrm{e}^{-2T})}{(z-1)(z-\mathrm{e}^{-2T})}$$

系统的闭环脉冲传递函数为

$$G_c(z)=\frac{G(z)}{1+G(z)}=\frac{\frac{K}{2}z(1-e^{-2T})}{z^2+\left(\frac{K}{2}-\frac{K}{2}e^{-2T}-1-e^{-2T}\right)z+e^{-2T}}$$

(1) 当 $K=2, T=1$ s 时，闭环系统的特征方程为 $z^2-0.271z+0.135=0$；特征根为 $z_{1,2}=0.136\pm0.342j$，由于 $|z_{1,2}|<1$，所以系统稳定。

(2) 当 $K=20$ 时，闭环系统的特征方程为 $z^2+7.511z+0.135=0$；特征根为 $z_1=-0.018, z_2=-7.493$，由于 $|z_2|>1$，所以系统不稳定。

10-18 已知系统的特征方程为 $z^2-0.632z+0.368=0$，试判断系统的稳定性。

解：通过求解特征方程的根来判断系统的稳定性。

特征方程的根为

$$z_{1,2}=0.316\pm j0.518$$

因为

$$|z_1|=|z_2|<1$$

所以该系统稳定。

10-19 试判断如图 10.5 所示系统的稳定性。

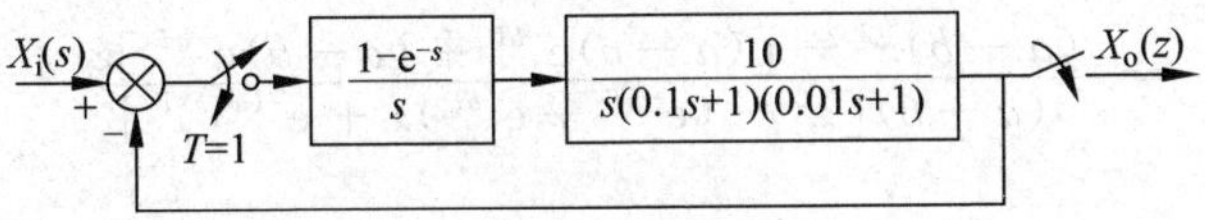

图 10.5

解：先求广义对象的脉冲传递函数，然后求出系统的闭环脉冲传递函数，再根据特征方程的根判断系统的稳定性。

广义对象的脉冲传递函数为

$$G_oG(z)=Z\left[\frac{1-e^{-s}}{s}\frac{10}{s(0.1s+1)(0.01s+1)}\right]$$

$$=(1-z^{-1})Z\left(\frac{10}{s^2}-\frac{1.1}{s}+\frac{\frac{10}{9}}{s+10}-\frac{\frac{1}{90}}{s+100}\right)$$

$$\approx\frac{8.9z+1.1}{z^2-z}$$

闭环脉冲传递函数为

$$G_c(z)=\frac{X_o(z)}{X_i(z)}=\frac{G_oG(z)}{1+G_oG(z)}=\frac{8.9z+1.1}{z^2+7.9z+1.1}$$

闭环特征方程为

$$z^2+7.9z+1.1=0$$

解得

$$z_1 \approx -0.14, \quad z_2 \approx -7.76$$

由于$|z_2|>1$,所以该系统不稳定。

10-20 已知连续校正环节的传递函数如下,试用冲激响应不变法求数字校正环节的脉冲传递函数。

(1) $\dfrac{a}{s+a}$;　　(2) $\dfrac{s+c}{(s+a)(s+b)}$。

解: (1) 设 $D(s)=\dfrac{a}{s+a}$,则用冲激不变法求得的数字校正环节的脉冲传递函数为

$$D(z)=Z\left[\frac{a}{s+a}\right]=\frac{az}{z-\mathrm{e}^{-aT}}$$

(2) 设 $D(s)=\dfrac{s+c}{(s+a)(s+b)}$,下面分 $a\neq b$ 和 $a=b$ 两种情况来用冲激不变法求数字校正环节的脉冲传递函数。当 $a\neq b$ 时,

$$\begin{aligned}D(z)&=Z\left[\frac{s+c}{(s+a)(s+b)}\right]=\frac{1}{a-b}Z\left[\frac{a-c}{s+a}+\frac{c-b}{s+b}\right]\\&=\frac{a-c}{a-b}\,\frac{z}{z-\mathrm{e}^{-aT}}+\frac{c-b}{a-b}\,\frac{z}{z-\mathrm{e}^{-bT}}\\&=\frac{(a-b)z^2-[(a-c)\mathrm{e}^{-bT}+(c-b)\mathrm{e}^{-aT}]z}{(a-b)[z^2-(\mathrm{e}^{-aT}+\mathrm{e}^{-bT})z+\mathrm{e}^{-(a+b)T}]}\end{aligned}$$

当 $a=b$ 时,

$$\begin{aligned}D(z)&=Z\left[\frac{s+c}{(s+a)^2}\right]=Z\left[\frac{1}{s+a}+\frac{c-a}{(s+a)^2}\right]\\&=\frac{z}{z-\mathrm{e}^{-aT}}+\frac{(c-a)T\mathrm{e}^{-aT}z}{(z-\mathrm{e}^{-aT})^2}=\frac{z^2+(cT-aT-1)\mathrm{e}^{-aT}z}{(z-\mathrm{e}^{-aT})^2}\end{aligned}$$

10-21 已知连续校正环节的传递函数如下,试用零阶保持器法求数字校正环节的脉冲传递函数。

(1) $\dfrac{a}{s+a}$;　　(2) $\dfrac{s+c}{(s+a)(s+b)}$。

解: (1) 设 $D(s)=\dfrac{a}{s+a}$,则用零阶保持器法求得的数字校正环节的脉冲传递函数为

$$\begin{aligned}D(z)&=(1-z^{-1})Z\left[\frac{G(s)}{s}\right]=(1-z^{-1})Z\left[\frac{a}{s(s+a)}\right]\\&=(1-z^{-1})\left(\frac{1}{1-z^{-1}}-\frac{1}{1-\mathrm{e}^{-aT}z^{-1}}\right)=\frac{1-\mathrm{e}^{-aT}}{z-\mathrm{e}^{-aT}}\end{aligned}$$

(2) 设 $D(s)=\dfrac{s+c}{(s+a)(s+b)}$,下面分 $a\neq b$ 和 $a=b$ 两种情况来用零阶保持器法求数字

校正环节的脉冲传递函数。当 $a\neq b$ 时，

$$D(z)=(1-z^{-1})Z\left[\frac{G(s)}{s}\right]=(1-z^{-1})Z\left[\frac{s+c}{s(s+a)(s+b)}\right]$$

$$=(1-z^{-1})Z\left[\frac{\frac{c}{ab}}{s}+\frac{\frac{a-c}{a(b-a)}}{s+a}+\frac{\frac{c-b}{b(b-a)}}{s+b}\right]$$

$$=(1-z^{-1})\left(\frac{\frac{c}{ab}}{1-z^{-1}}+\frac{\frac{a-c}{a(b-a)}}{1-e^{-aT}z^{-1}}+\frac{\frac{c-b}{b(b-a)}}{1-e^{-bT}z^{-1}}\right)$$

$$=\frac{c}{ab}+\frac{a-c}{a(b-a)}\frac{z-1}{z-e^{-aT}}+\frac{c-b}{b(b-a)}\frac{z-1}{z-e^{-bT}}$$

当 $a=b$ 时，

$$D(z)=(1-z^{-1})Z\left[\frac{G(s)}{s}\right]=(1-z^{-1})Z\left[\frac{s+c}{s(s+a)^2}\right]$$

$$=(1-z^{-1})Z\left[\frac{\frac{c}{a^2}}{s}-\frac{\frac{c}{a^2}}{s+a}+\frac{\frac{a-c}{a}}{(s+a)^2}\right]$$

$$=(1-z^{-1})\left[\frac{\frac{c}{a^2}}{1-z^{-1}}-\frac{\frac{c}{a^2}}{1-e^{-aT}z^{-1}}+\frac{\frac{a-c}{a}Te^{-aT}z^{-1}}{(1-e^{-aT}z^{-1})^2}\right]$$

$$=\frac{c}{a^2}-\frac{c}{a^2}\cdot\frac{z-1}{z-e^{-aT}}+\frac{(a-c)Te^{-aT}}{a}\cdot\frac{z-1}{(z-e^{-aT})^2}$$

10-22 某数字控制系统，在连续域内设计的控制器传递函数为 $D(s)=2+\frac{0.2}{s}$，数字系统采样周期 $T=0.01$ s。

(1) 用双线性变化法求数字控制器的传递函数；

(2) 写出数字控制器输出量 u 与输入量(偏差) e 之间的差分方程。

解 (1) $D(z)=D(s)\Big|_{s=\frac{2}{T}\frac{z-1}{z+1}}=\frac{2+0.1T-(2-0.1T)z^{-1}}{1-z^{-1}}$

将 $T=0.01$ 代入上式，得

$$D(z)=\frac{2.001-1.999z^{-1}}{1-z^{-1}}$$

(2) $D(z)=\frac{2.001-1.999z^{-1}}{1-z^{-1}}=\frac{U(z)}{E(z)}$

$$(1-z^{-1})U(z)=(2.001-1.999z^{-1})E(Z)$$

将上式取 Z 反变换，可得差分方程

$$u(kT)=u(kT-T)+2.001e(kT)-1.999e(kT-T)$$

10-23 设某机器的弹性机构系统简化为如图 10.6 所示，设 $M=0.5$，$K=200$，$\mu=10$

(均为合适的对应单位)。

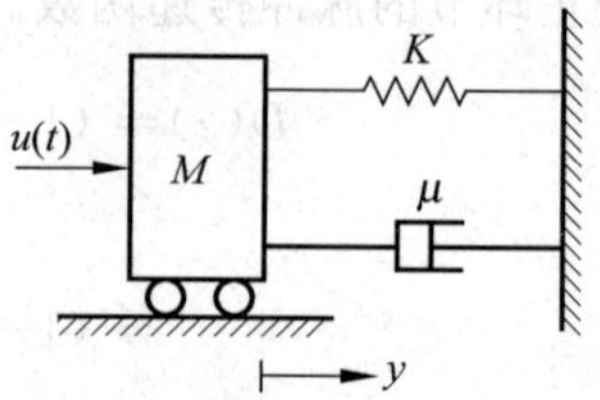

图 10.6

(1) 试求传递函数 $G(s)=\dfrac{Y(s)}{U(s)}$;

(2) 根据系统的无阻尼自然频率,试确定出合适的采样频率,并用零阶保持器法求系统的脉冲传递函数;

(3) 试求出增益为 K 时比例数字控制的特征方程。

解:(1) 系统的时域微分方程为

$$M\ddot{y}(t)+\mu\dot{y}(t)+Ky(t)=u(t)$$

两边作拉氏变换,得

$$G(s)=\frac{Y(s)}{U(s)}=\frac{1}{Ms^2+\mu s+K}=\frac{2}{s^2+20s+400}$$

(2) 系统的无阻尼自然频率为

$$\omega_0=\sqrt{\frac{K}{M}}=\sqrt{\frac{200}{0.5}}=20(\text{rad/s})$$

一般取采样频率为

$$\omega_s=10\omega_0=200(\text{rad/s})$$

此时采样周期为

$$T=\frac{2\pi}{\omega}=\frac{2\pi}{200}=0.0314\text{s}$$

利用零阶保持器的离散化方法,得到系统的脉冲传递函数为

$$\begin{aligned}G_oG(z)&=Z\left(\frac{1-e^{-Ts}}{s}\,\frac{2}{s^2+20s+400}\right)=(1-z^{-1})Z\left[\frac{2}{s(s^2+20s+400)}\right]\\&=(1-z^{-1})Z\left(\frac{0.005}{s}-\frac{0.005s+0.1}{s^2+20s+400}\right)\\&=\frac{0.000\,784z+0.000\,634}{z^2-1.250z+0.534}\end{aligned}$$

(3) 若采用数字比例控制器,当比例系数为 K 时,控制系统的闭环脉冲传递函数为

$$G_c(z)=\frac{KG_oG(z)}{1+KG_oG(z)}$$

其特征方程为

$$z^2+(0.000\,783k_p-1.250)z+(0.000\,634k_p+0.534)=0$$

附录A 课程考试样题及参考解答(一)

1. 研究磁悬浮列车问题(见图 A.1),已知列车车体质量为 M,受磁场力 F 作用,空气阻力与列车速度之间的比例系数是 D_1,全体乘客的质量为 m,座椅等效为弹簧(刚度为 K)和阻尼器(阻尼系数为 D_2)的并联。写出从水平磁场驱动力 F 到乘客相对于地面的速度 v_2 之间的传递函数。

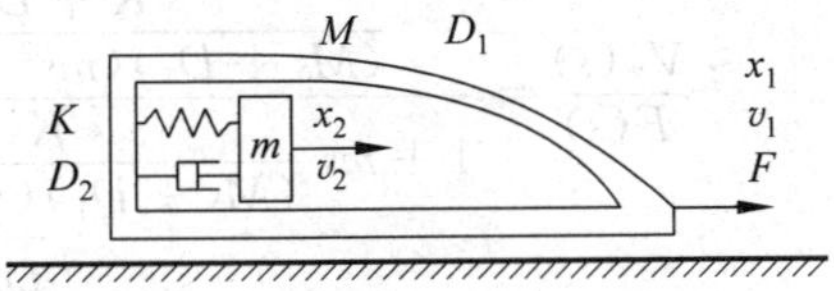

图 A.1

解:列微分方程,

$$
\begin{cases}
m\ddot{x}_2 = K(x_1 - x_2) + D_2(\dot{x}_1 - \dot{x}_2) \\
M\ddot{x}_1 = F - D_1\dot{x}_1 - [K(x_1 - x_2) + D_2(\dot{x}_1 - \dot{x}_2)] \\
v_2 = \dot{x}_2
\end{cases}
$$

作拉氏变换,

$$
\begin{cases}
ms^2X_2(s) = K[X_1(s) - X_2(s)] + D_2s[X_1(s) - X_2(s)] \\
Ms^2X_1(s) = F(s) - D_1sX_1(s) - K[X_1(s) - X_2(s)] - D_2s[X_1(s) - X_2(s)] \\
v_2 = sX_2(s)
\end{cases}
$$

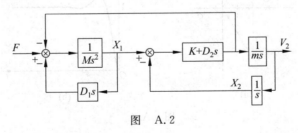

画方块图,如图 A.2 所示。

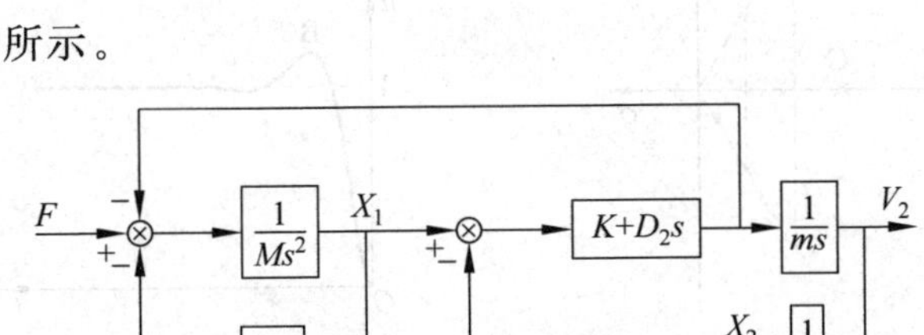

图 A.2

对图 A.2 所示的方块图进行化简,如图 A.3 所示。

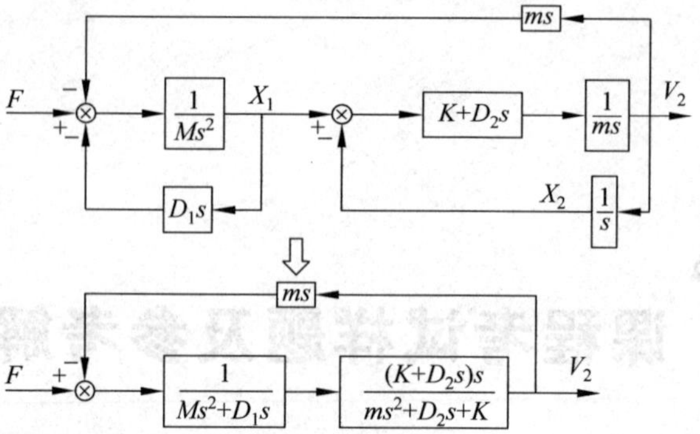

图 A.3

根据化简后的方块图,得

$$\frac{V_2(s)}{F(s)}=\frac{\dfrac{K+D_2s}{(Ms+D_1)(ms^2+D_2s+K)}}{1+ms\dfrac{K+D_2s}{(Ms+D_1)(ms^2+D_2s+K)}}$$

$$=\frac{D_2s+K}{(Ms+D_1)(ms^2+D_2s+K)+ms(D_2s+K)}$$

$$=\frac{D_2s+k}{Mms^3+(MD_2+mD_1+mD_2)s^2+(MK+mK+D_1D_2)s+D_1K}$$

2. (1) 有3个一阶或二阶环节A、B、C,静态增益均为1。已知它们在s平面上的极点分布如图A.4(a)所示,环节B的单位阶跃响应如图A.4(b)所示,在图A.4(b)上分别画出环节A和C的单位阶跃响应(定量上不要求非常准确)。

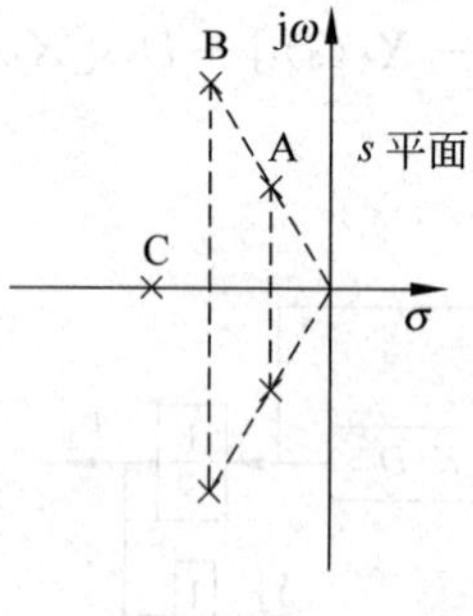

(a)

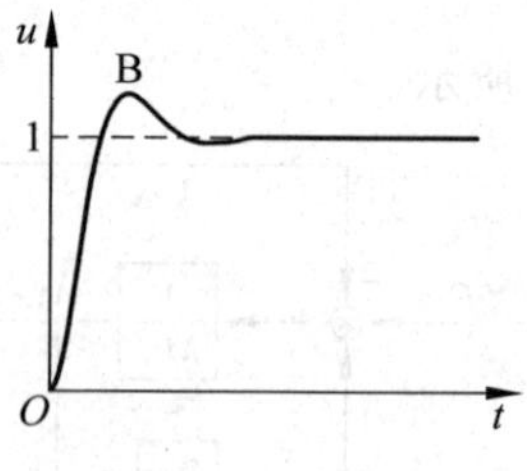

(b)

图 A.4

(2) 有3个一阶或二阶连续时间环节D、E、F,静态增益均为1。已知它们的极点映射到z平面上分布如图A.5(a)所示,环节E的单位阶跃响应如图A.5(b)所示,在图A.5(b)上分别画出环节D和F的单位阶跃响应(定量上不要求非常准确)。

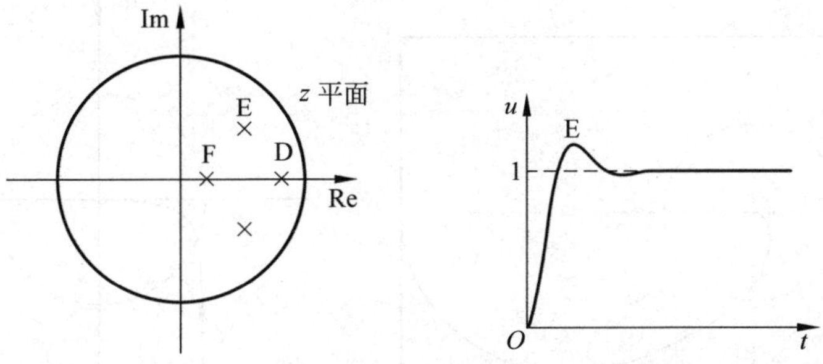

(a) (b)

图 A.5

解：(1) 环节A与B阻尼比相等，所以超调量相等，环节A比B的极点更靠近虚轴，所以包络线衰减速度更慢(见图A.6(a))；环节C阻尼比为0，所以无超调，比环节B远离虚轴，所以响应速度快(见图A.6(b))。

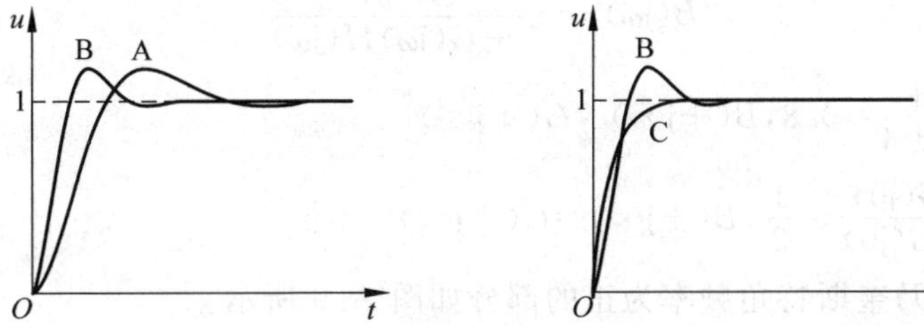

(a) (b)

图 A.6

(2) 环节D和F的极点虚部均为0，所以阶跃响应均无振荡，环节D靠近单位圆，响应速度慢，环节F靠近原点，响应速度快(见图A.7)。

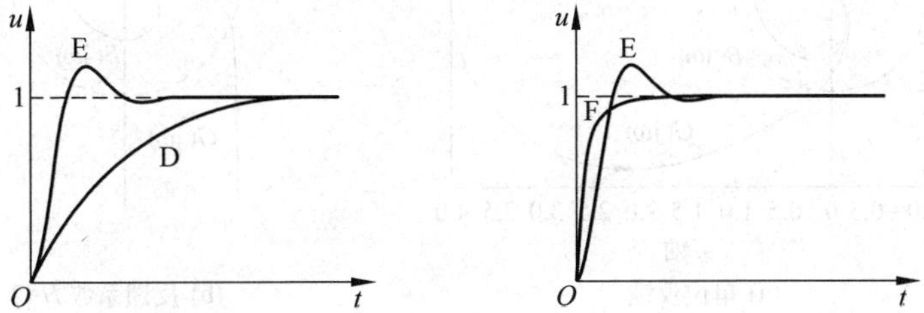

(a) (b)

图 A.7

3. 已知最小相位系统开环传递函数乃奎斯特图在角频率为正的部分如图A.8所示，近似画出闭环传递函数乃奎斯特图角频率为正的部分。

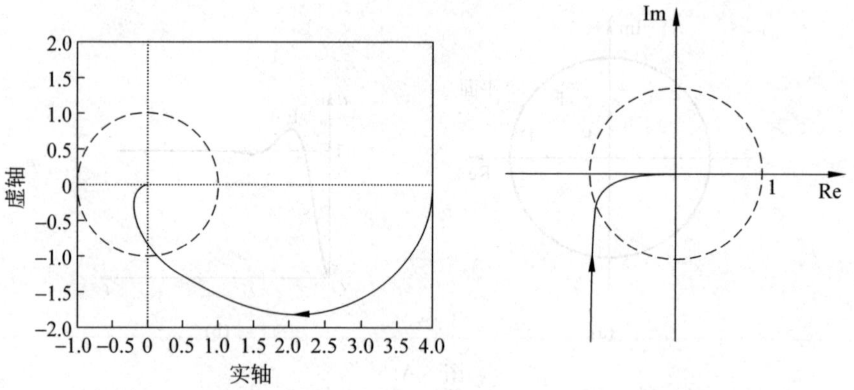

(a) 单位反馈　　(b) 反馈系数 H=2

图　A.8

解：闭环与开环频率特性的关系为

$$B(\mathrm{j}\omega)=\frac{G(\mathrm{j}\omega)}{1+G(\mathrm{j}\omega)H(\mathrm{j}\omega)}$$

(a) $B(\mathrm{j}0)=\frac{4}{1+4}=0.8, B(+\mathrm{j}\infty)=G(+\mathrm{j}\infty)$

(b) $B(\mathrm{j}0)\approx\frac{G(\mathrm{j}0)}{2G(\mathrm{j}0)}=\frac{1}{2}, B(+\mathrm{j}\infty)=G(+\mathrm{j}\infty)$

闭环传递函数乃奎斯特角频率为正的部分如图 A.9 所示。

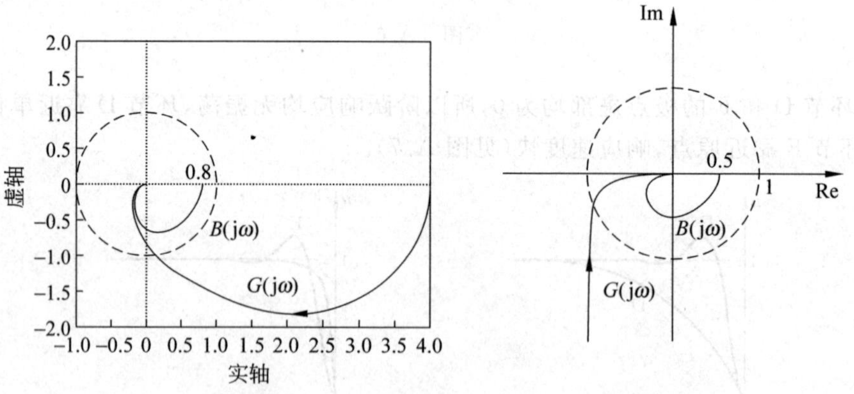

(a) 单位反馈　　(b) 反馈系数 H=2

图　A.9

4. 某单位反馈系统如图 A.10 所示，开环传递函数为 $G(s)=\frac{200}{s(s+1)(s+20)}$。

(1) 用乃奎斯特判据判断系统稳定性，并计算幅值裕量(不必化为分贝数)；

(2) 画出开环对数幅频特性,根据折线图计算剪切角频率;

(3) 根据(2)的结果,计算相位裕量。

解:(1) 用改进的D曲线,即在原点附近从右边绕过,画出乃奎斯特图,如图A.11所示。

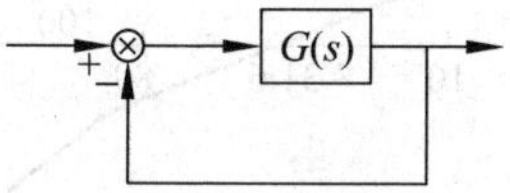

图 A.10

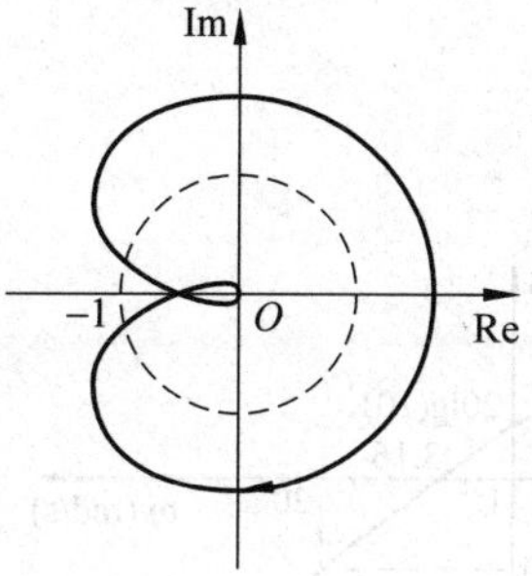

图 A.11

频率特性:$G(\mathrm{j}\omega)=\dfrac{200}{\mathrm{j}\omega(\mathrm{j}\omega+1)(\mathrm{j}\omega+20)}$,$|G(\mathrm{j}\omega)|=\dfrac{200}{\omega\sqrt{\omega^2+1}\sqrt{\omega^2+400}}$,$\angle G(\mathrm{j}\omega)=-90^\circ-\arctan\omega-\arctan\dfrac{\omega}{20}$。

求乃奎斯特图与负实轴的交点:令$\angle G(\mathrm{j}\omega)=-90^\circ-\arctan\omega_{-\pi}-\arctan\dfrac{\omega_{-\pi}}{20}=-180^\circ$,得$\omega_{-\pi}=2\sqrt{5}\mathrm{rad/s}$,则$|G(\mathrm{j}\omega_{-\pi})|=0.4756$。

开环右极点个数为0,乃奎斯特图逆时针绕原点0圈,系统闭环稳定。

幅值裕量$K_g=\left|\dfrac{1}{G(\mathrm{j}\omega_{-\pi})}\right|\approx2.10=6.45\ \mathrm{dB}$。

(2) $|G(\mathrm{j}1)|\approx\dfrac{200}{20}=10$,$|G(\mathrm{j}20)|\approx\dfrac{10}{20^2}=0.025$,剪切角频率在1~20 rad/s之间。

剪切角频率$\omega_c\approx1\times\sqrt{\dfrac{10}{1}}=3.16\ \mathrm{rad/s}$,幅频特性曲线如图A.12所示。

(3) $\angle G(\mathrm{j}\omega_c)=-90^\circ-\arctan3.16-\arctan\dfrac{3.16}{20}=-171.4^\circ$,相位裕量$\gamma=\angle G(\mathrm{j}\omega_c)+180^\circ=8.6^\circ$。

5. 某控制系统如图A.13(a)所示,被控对象$G(s)=\dfrac{3160}{(s+10)(s+100)}$,幅频特性如图A.13(b)所示。欲设计PI控制器$G_j(s)=K_P+\dfrac{K_I}{s}$。

(1) 要使校正后的开环传递函数剪切频率$\omega_c=80\ \mathrm{rad/s}$,计算$K_P$;

(2) 要使校正后的闭环系统对于单位斜坡输入的稳态误差为0.0125,计算所需速度误差系数K_v和控制器的K_I;

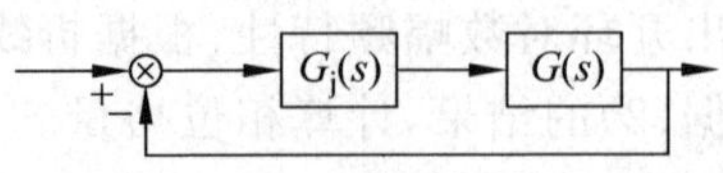

(a)

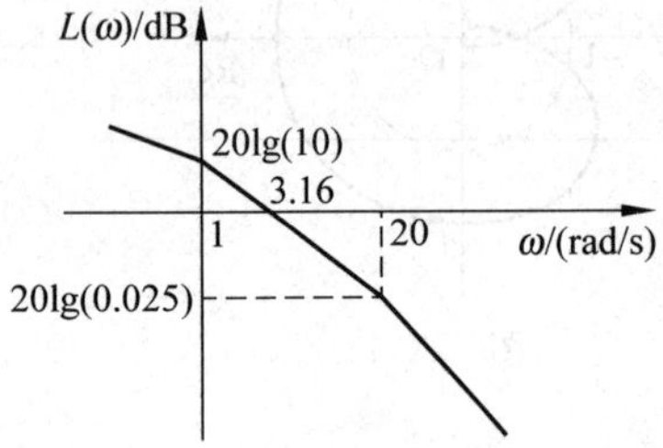

图　A.12

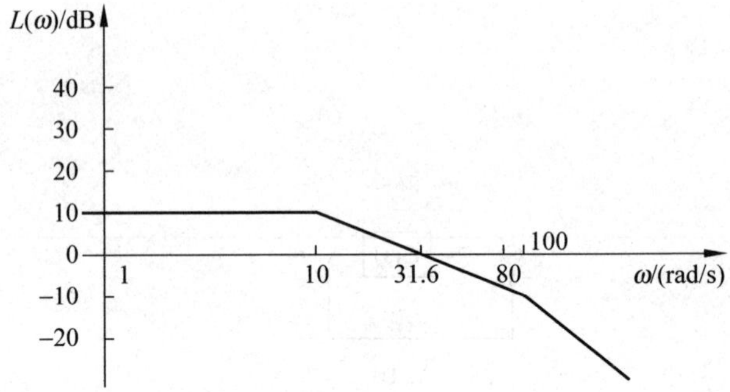

(b)

图　A.13

(3) 画出 $G_j(s)$ 和校正后开环传递函数的幅频特性。

解：(1) 校正前剪切频率为 31.6 rad/s，则要使校正后为 80 rad/s，应有 $K_P=\frac{80}{31.6}=2.53$。

(2) 要求稳态速度误差系数 $K_v=\frac{1}{e_{ss}}=\frac{1}{0.0125}=80$，未校正系统 $|G(j0)|=3.16$，故要求在 $\omega=1$ rad/s 处开环增益提高到原来的 $\frac{K_v}{3.16}=25.3$ 倍，即 $K_I=25.3$。

(3) 校正器 $G_j(s)=2.53+\frac{25.3}{s}=\frac{2.53(s+10)}{s}$，幅频特性曲线如图 A.14 所示。

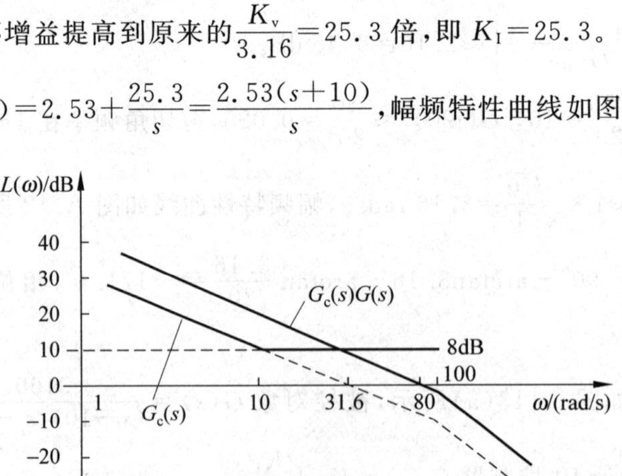

图　A.14

6. 某数字闭环控制系统，在连续域内设计的控制器传递函数为 $G_c(s)=$

$\frac{100(s+1)(s+10)}{s(s+100)}$，数字系统采样周期 $T=0.001$ s，

(1) 用双线性变换法或其他方法把 $G_c(s)$ 转化为数字控制器 $G_c(z)$；

(2) 写出数字控制器输出量 u 与输入量(偏差)e 之间的差分方程。

解：(1) $G_c(z)=G_c(s)\Big|_{s=\frac{2}{T}\frac{z-1}{z+1}}$，

$$G_c(z)=\frac{100(s+1)(s+10)}{s(s+100)}\Bigg|_{s=2000\frac{1-z^{-1}}{1+z^{-1}}}=\frac{50(2.001-1.999z^{-1})(2.01-1.99z^{-1})}{(1-z^{-1})(2.1-1.9z^{-1})}$$

$$G_c(z)=\frac{201.1-400z^{-1}+198.9z^{-2}}{2.1-4z^{-1}+1.9z^{-2}}=\frac{95.76-190.48z^{-1}+94.71z^{-2}}{1-1.9048z^{-1}+0.9048z^{-2}}=\frac{U(z)}{E(z)}$$

(2) $u(k)=1.9048u(k-1)-0.9048u(k-2)+95.76e(k)-190.48e(k-1)$
$+94.71e(k-2)$

附录 B 课程考试样题及参考解答（二）

1. 有一质量—弹簧—阻尼系统，输入为位移 $x_i(t)$，不考虑重力作用。在质量 M 上固连着电位器的滑动端，使得质量的位移与电位器输出电压的关系为 $u(t)=5x(t)$。$u(t)$连接到电压跟随器输入端，跟随器输出电压连接电容和电阻，输出 $u_o(t)$。写出传递函数 $G(s)=\dfrac{U_o(S)}{X_i(S)}$。

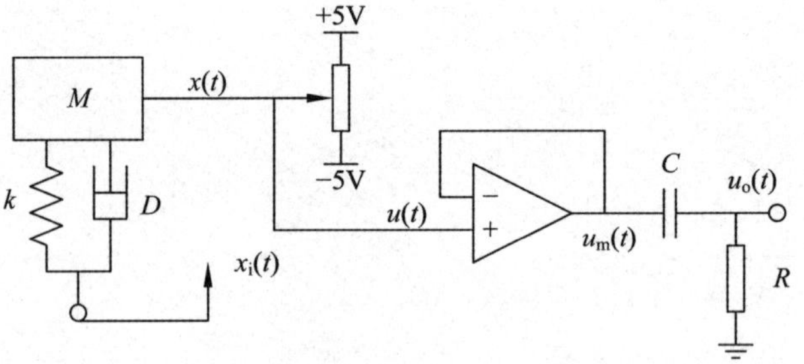

图　B.1

解：$Ms^2X(s)=(k+Ds)(X_i(s)-X(s))$

$U(s)=5X(s)$

$U_m(s)=U(s)$

$$\frac{U_m(s)-U_o(s)}{1/Cs}=U_o(s)/R$$

所以

$$X(s)=\frac{RCs+1}{5RCs}U_o(s)$$

$$(Ms^2+k+Ds)\frac{RCs+1}{5RCs}U_o(s)=(k+Ds)X_i(s)$$

$$G(s)=\frac{U_o(s)}{X_i(s)}=\frac{5RCs(k+Ds)}{(Ms^2+k+Ds)(RCs+1)}=\frac{5RCDs^2+5RCks}{MRCs^3+(M+RCD)s^2+(RCk+D)s+k}$$

2. 如图 B.2(a)，某人骑自行车前进，路过一段波浪形路段。设在这个过程中，车轮既未离开路面，也未因气太少而使车轮与路面硬接触。如果把人和自行车组成的系统用质量一弹簧一阻尼系统模型表示，如图B.2(b)，且已知 $D<\sqrt{2kM}$。问：当他以不同的速度通过时感到的颠簸会有什么不同？用理论解释。

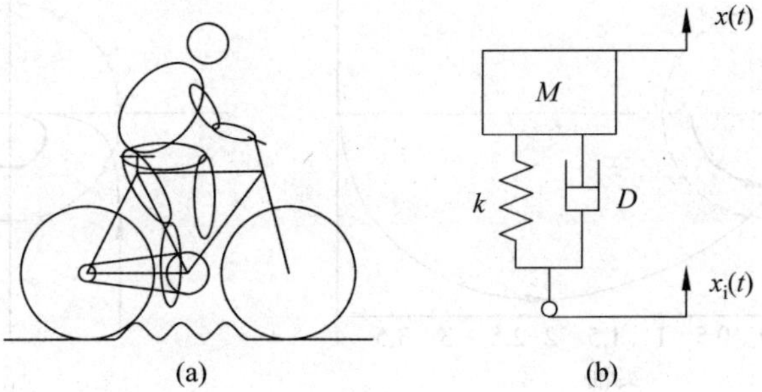

图 B.2

解：$Ms^2X(s)=(k+Ds)(X_i(s)-X(s))$

$$X(s)=\frac{(k+Ds)}{Ms^2+Ds+k}X_i(s)$$

系统固有频率为 $\omega_n=\sqrt{\frac{k}{M}}$，阻尼比 $\zeta=\frac{D}{2\sqrt{kM}}$，而已知 $D<\sqrt{2kM}$，所以，系统频率响应为

$$G(j\omega)=\frac{X(j\omega)}{X_i(j\omega)}=\frac{(k+Dj\omega)}{M(j\omega)^2+Dj\omega+k}$$

不同的速度通过时，相当于以不同频率的正弦波激励，当输入信号的角频率接近系统的固有频率时，会引起共振，颠簸会加剧，相反会平稳一些。

3. 已知最小相位系统开环传递函数乃氏图在角频率为正的部分，近似画出闭环传递函数乃氏图角频率为正的部分。如图B.3，画在试题纸上。

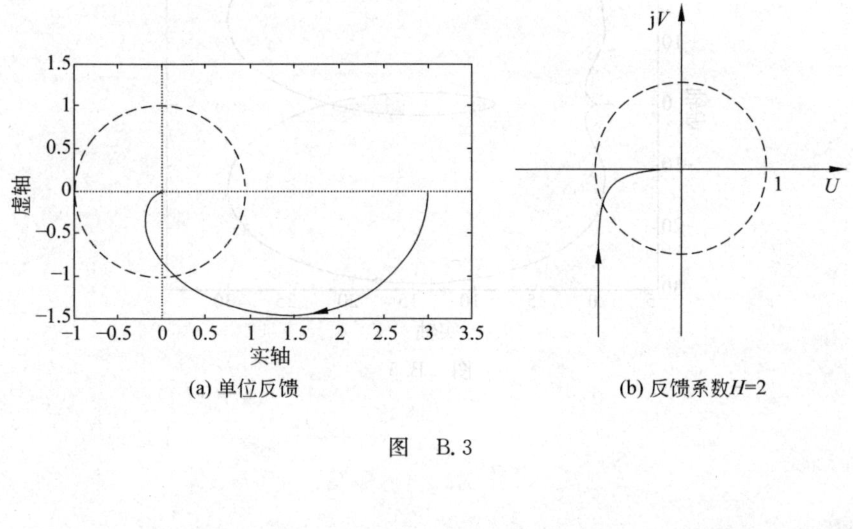

图 B.3

解:

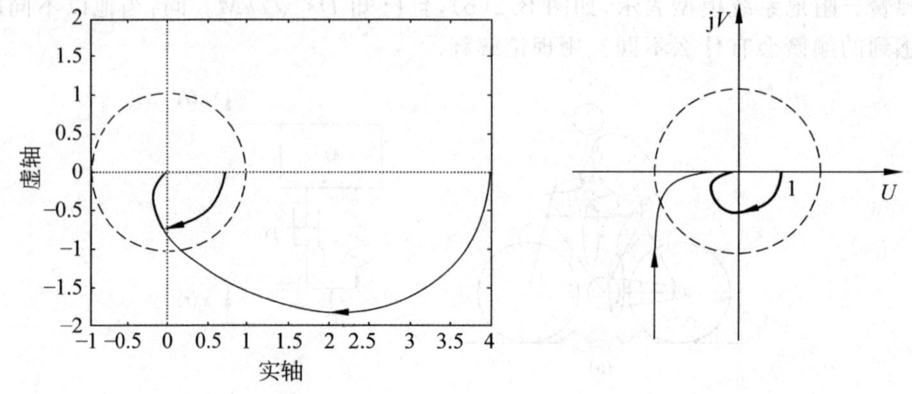

(a) 单位反馈　　(b) 反馈系数H=2

图 B.4

图 B.4(a),开环增益为 4,所以闭环增益为 0.8,低频段输出与输入的幅值比为 0.8,高频段乃氏图与开环乃氏图重合。

图 B.4(b),假设开环增益为 K,则闭环增益为 0.5,且闭环一定不包含积分环节,因此闭环乃氏图起点位于正实轴 0.5 处,低频段输出与输入的幅值比为 0.5,高频段乃氏图与前项通道乃氏图重合。

4. 某单位反馈系统,开环传递函数为 $G(s)=\dfrac{s+50}{2s^4+3s^3+7s^2+2s+6}$,乃氏图如图 B.5,判断系统闭环稳定性。

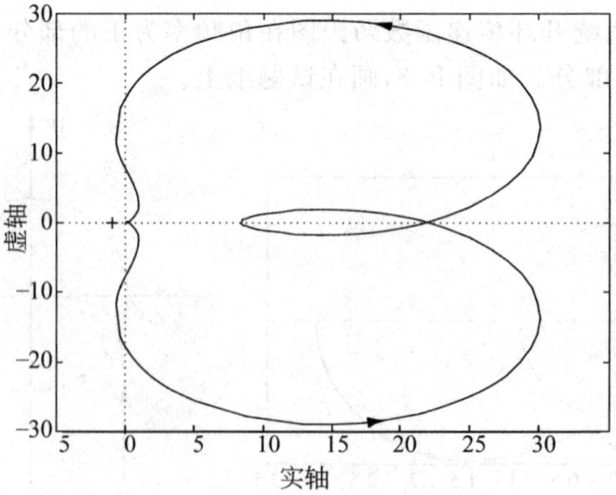

图 B.5

解:开环传递函数,利用劳斯判据,判别右根的情况

2	7	6
3	2	
17/3	6	
−20/17		
6		

第一列符号改变两次,所以开环有2个右极点,但开环乃氏图不包围(−1,j0)点,所以闭环不稳定。

5. 某单位负反馈闭环控制系统,开环传递函数 $G(s)=\dfrac{200(s+1)}{s^2(s+5)(s+20)}$。

(1) 画出伯德图的幅频特性,求剪切频率。

(2) 计算相位裕量。

(3) 计算增益裕量。

解:(1)开环传递函数的标准形式为 $G(s)=\dfrac{2(s+1)}{s^2\left(\frac{1}{5}s+1\right)\left(\frac{1}{20}s+1\right)}$,见图B.6。

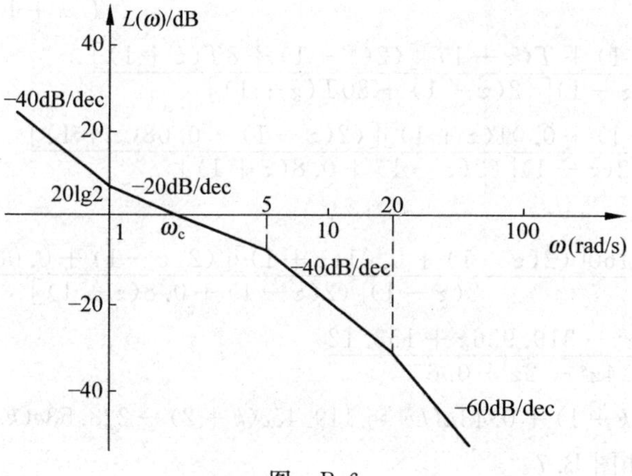

图 B.6

$$\omega_c = 2\text{rad/s}$$

(2) $\gamma=180°-180°+\arctan(2)-\arctan\left(\dfrac{2}{5}\right)-\arctan\left(\dfrac{2}{20}\right)\approx 36°$

(3) $\varphi(\omega_{-\pi})=-180°+\arctan\omega_{-\pi}-\arctan\left(\dfrac{\omega_{-\pi}}{5}\right)-\arctan\left(\dfrac{\omega_{-\pi}}{20}\right)=-180°$

得

$$\omega_{-\pi}=\sqrt{75}$$

$$K_g=\frac{1}{|G(j\omega)|}$$

$$K_g=\frac{1}{|G(j\omega)|}=\frac{\omega^2\sqrt{\left(\frac{1}{5}\omega\right)^2+1}\sqrt{\left(\frac{1}{20}\omega\right)^2+1}}{2\sqrt{\omega^2+1}}\approx 9.4$$

6. 某闭环控制系统,剪切频率 $\omega_c=10\text{rad/s}$,拟采用数字控制,采样周期 $T=0.01\text{s}$。

(1) 数字控制采样周期 T 会对相位裕量有多大影响?

(2) 设在连续域内设计的控制器传递函数为 $G_c(s)=\dfrac{160(s+1)(s+8)}{s(s+80)}$,用双线性变换法或其他方法把 $G_c(s)$ 转化为数字控制器 $D_c(z)$;

(3) 写出(2)中数字控制器输出量 u 与输入量(偏差)e 之间的差分方程。

解:(1) $\varphi=-\dfrac{T\omega_c}{2}=-\dfrac{0.01\times10}{2}\text{rad}=-0.05\text{rad}=-2.9°$

(2)

$$D_c(z)=G_c(s)\Big|_{s=\frac{2}{T}\frac{z-1}{z+1}}=\frac{160(s+1)(s+8)}{s(s+80)}\Big|_{s=\frac{2}{T}\frac{z-1}{z+1}}=\frac{160\left(\frac{2}{T}\frac{z-1}{z+1}+1\right)\left(\frac{2}{T}\frac{z-1}{z+1}+8\right)}{\frac{2}{T}\frac{z-1}{z+1}\left(\frac{2}{T}\frac{z-1}{z+1}+80\right)}$$

$$=\frac{160[(2(z-1)+T(z+1)][(2(z-1)+8T(z+1)]}{2(z-1)[(2(z-1)+80T(z+1)]}$$

$$=\frac{160[(2(z-1)+0.01(z+1)][(2(z-1)+0.08(z+1)]}{2(z-1)[(2(z-1)+0.8(z+1)]}$$

(3)

$$D_c(z)=\frac{U(z)}{E(z)}=\frac{160[(2(z-1)+0.01(z+1)][(2(z-1)+0.08(z+1)]}{2(z-1)[(2(z-1)+0.8(z+1)]}$$

$$=\frac{167.232z^2-319.936z+153.12}{1.4z^2-2z+0.6}$$

$$u(k+2)-1.43u(k+1)+0.43u(k)=119.45e(k+2)-228.53e(k+1)+109.37e(k)$$

7. 某控制系统如图 B.7。

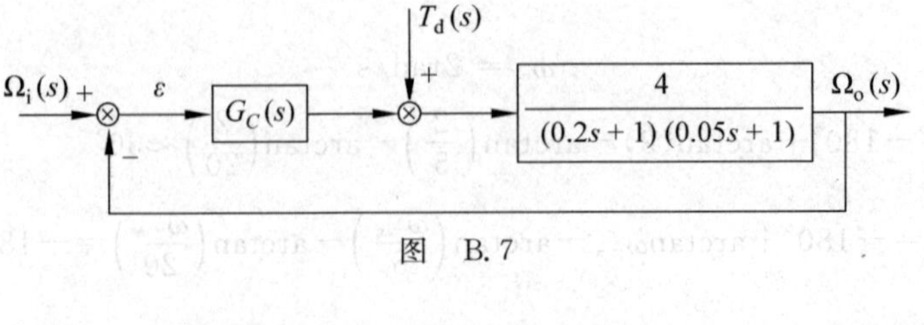

图 B.7

(1) 未作校正,即 $G_c(s)=1$ 时,设输入信号 $\omega_i(t)=2\cdot1(t)$,负载力矩 $T_d(t)=1(t)$,计算两者同时作用下的稳态误差。

(2) 使用超前校正器校正系统的中频段,使校正后的系统 $\omega_c=40\text{rad/s}$,$\gamma=56°$,要求校正器的最大相位在 40rad/s 处,写出超前校正器的传递函数。(经计算,被控对象在 40rad/s 处的增益为 0.222,相位为 $-146°$。)

(3) 再要求校正后的系统对单位斜坡输入的稳态误差为 $\frac{1}{12}$,综合(2),写出完整的控制器传递函数。

解:(1) 开环固有传递函数为 $\frac{4}{(0.2s+1)(0.05s+1)}$,所以开环增益为 4;闭环传递函数为 $\frac{4}{0.01s^2+0.25s+5}$,所以闭环稳定。

输入引起的稳态误差为

$$e_{ss1}=\frac{2}{1+K}=\frac{2}{5}$$

$$\frac{\varepsilon(s)}{T_d(s)}=\frac{-\frac{4}{(0.2s+1)(0.05s+1)}}{1+\frac{4}{(0.2s+1)(0.05s+1)}}=\frac{-4}{(0.2s+1)(0.05s+1)+4}$$

负载力矩引起的稳态误差为

$$e_{ss2}=\lim_{s\to 0}s\frac{\varepsilon(s)}{T_d(s)}T_d(s)=\lim_{s\to 0}s\frac{-\frac{4}{(0.2s+1)(0.05s+1)}}{1+\frac{4}{(0.2s+1)(0.05s+1)}}\cdot\frac{1}{s}=-\frac{4}{5}$$

$$e_{ss}=e_{ss1}+e_{ss2}=-0.4$$

(2) 被控对象在 $\omega=40\text{rad/s}$ 时相位为 $-146°$。校正后系统相位裕量为 $56°$,因此校正器在 $\omega_c=40\text{rad/s}$ 带来的正相移为 $22°$。

设超前校正的传递函数为 $K\frac{(T_1s+1)}{(T_2s+1)}$,最大相移对应的角频率应位于 $\frac{1}{T_1}$ 和 $\frac{1}{T_2}$ 的几何中心且

$$\omega_m=40\text{rad/s},\quad \omega_m=\sqrt{\frac{1}{T_1T_2}}=40$$

$$\varphi_m=\arctan(40T_1)-\arctan(40T_2)=22°$$

$$T_1-T_2=0.02$$

$$20\lg K+20\lg(40T_1)=20\lg(1/0.222),\quad 40KT_1=1/0.222$$

$$T_1=0.037$$

$$T_2=0.017$$

$$K=3.0$$

因此,超前校正的传递函数为 $\frac{3(0.037s+1)}{(0.017s+1)}$。

(3) 斜坡输入的稳态误差为 1/12，因此低频段增加一个 PI 校正，且 $K_p=1$，又 $K=\frac{1}{1/12}=12=3\times 4$，故 PI 校正的增益为 1，即 $K_i=1$，所以，PI 校正的形式为 $\frac{s+1}{s}$，控制器为 $3\frac{(s+1)(0.0437s+1)}{s(0.017s+1)}$。伯德图见图 B.8。

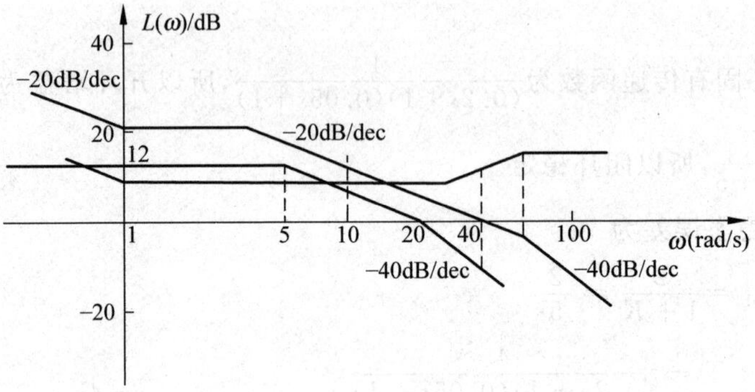

图 B.8

主要参考文献

[1] 董景新,郭美凤,陈志勇,刘云峰. 控制工程基础(第3版)习题解[M]. 北京:清华大学出版社,2010.

[2] 董景新,赵长德,郭美凤,陈志勇,刘云峰,李冬梅. 控制工程基础[M]. 4版. 北京:清华大学出版社,2015.

[3] 张伯鹏. 控制工程基础[M]. 北京:机械工业出版社,1982.

[4] 高钟毓. 机电控制工程[M]. 3版. 北京:清华大学出版社,2011.

[5] 王显正,范崇托. 控制理论基础[M]. 北京:国防工业出版社,2000.

[6] KATSUHIKO OGATA. 现代控制工程[M]. 4版. 卢伯英,于海勋,等译. 北京:电子工业出版社,2003.

[7] 吴麒. 自动控制原理[M]. 北京:清华大学出版社,1990.

[8] 李友善. 自动控制原理[M]. 3版. 北京:国防工业出版社,2005.

[9] 杨叔子,杨克冲,吴波. 机械工程控制基础[M]. 5版. 武汉:华中科技大学出版社,2005.

[10] 阳含和. 机械控制工程(上册)[M]. 北京:机械工业出版社,1986.

[11] 陈康宁. 机械工程控制基础[M]. 西安:西安交通大学出版社,1999.

[12] 何克忠,李伟. 计算机控制系统[M]. 北京:清华大学出版社,1998.

[13] ASTROM K J, WITTENMARK B. 计算机控制系统——原理与设计[M]. 3版. 周兆英,等译. 北京:电子工业出版社,2001.

[14] 薛定宇. 控制系统计算机辅助设计[M]. 北京:清华大学出版社,1996.

[15] 张培强. MATLAB语言[M]. 合肥:中国科学技术大学出版社,1995.

[16] 胡泽滋. 方建国,商鼎成. 现代控制工程理论及习题解答[M]. 贵阳:贵州人民出版社,1982.

[17] 陈小琳. 自动控制原理例题习题集[M]. 北京:国防工业出版社,1982.

[18] DRIELS M. Linear Control Systems Engineering[M]. 影印版. 北京:清华大学出版社,2000.

[19] FRANKLIN G F, POWELL J D, NAEINI E. Feedback Control of Dynamic Systems[M]. 4th ed. Addison-Wesley Publishing Company, 2002.

[20] DORF R C, BISHOP R H. Modern Control System[M]. 7th ed. Addison-Wesley Publishing Company, 1995.

[21] JOHN VAN DE VEGTE. Feedback Control Systems[M]. 3rd ed. Prentice-Hall, Inc. ,1994.